KB186624

노아이싱 네이키드 케이크

심플해서 더 고급스러운 홈베이킹 케이크 만들기

노아이싱 네이키드 케이크

한나 마일스 지음 | 윤현정 옮김 | 스티브 페인터 사진

note

- 위생적이고, 농약을 사용하지 않은 꽃을 장식용으로만 사용하십시오. 꽃 장식은 케이크를 자르기 전에 반드시 제거해야 합니다. 알레르기를 일으키는 꽃가루는 음식에 들어가지 않도록 주의하세요. 먹을 수 있는 것은 오로지 '식용꽃'이라고 표기되어 있는 것뿐입니다. 안정성이 확인되지 않은 꽃은 절대 먹어서는 안 됩니다.
- 별도로 표기되어 있지 않다면 계량컵과 계량스푼에 평평하게 담는 것을 기준으로 합니다. 이 책에서 말하는 계량컵은 모두 미국컵을 기준으로 합니다.
- 익히지 않거나 반숙으로 익힌 달걀을 사용할 경우 노약자, 임신부, 면역 시스템이 손상된 사람들에게는 제공해서는 안 됩니다.
- 제스트를 준비할 때는 왁스를 입히지 않은 과일을 구입하여 사용 전에 꼼꼼히 세척하세요. 왁스 처리된 과일의 경우, 따뜻한 비눗물에 넣고 문질러서 세척한 후에 사용해야 합니다.
- 오븐은 표기된 수치대로 예열하여 사용합니다. 이때 오븐용 온도계를 사용하기를 추천합니다. 컨벡션 오븐의 경우 사용 설명서에 따라 오븐 온도를 조절하면 됩니다.

알립니다

필자는 위생적이며 농약 등을 사용하지 않은 식용꽃을 사용하였습니다.
꽃 장식은 케이크를 자르기 전에 반드시 제거해야 합니다.
필자와 출판사는 꽃을 섭취함으로써 일어난 손해나 상해에 대한 법적인 책임을 지지 않습니다.

PROLOGUE

케이크는 오랜 세월 동안 여러 가지로 장식되었습니다. 생일 케이크나 컵케이크는 진한 초콜릿 또는 스프링클로 장식하고 결혼이나 세례 등을 위한 축하 케이크는 두꺼운 크림이나 마지팬으로 장식하는 게 보통이죠. 물론 이처럼 평범한 케이크를 원하는 이들도 있을 것입니다. 그러나 보다 독특한 아름다움을 가진 케이크를 원한다면 네이키드 케이크에 주목해보는 것이 어떨까요? 필자는 두꺼운 크림이 케이크 본연의 아름다움을 가린다고 생각합니다. 저와 같은 생각을 가진 사람이 많은 것인지, 최근에는 새하얀 크림으로 덮인 웨딩 케이크 대신 꽃과 과일로 장식하고 케이크 층이 돋보이는 심플한 스펀지케이크가 다시 유행하고 있습니다.

네이키드 케이크naked cake는 말 그대로 옷을 벗은 케이크입니다. 가능한 한 가장 간단하게 케이크를 빛낼 수 있는 센터피스 정도의 장식을 사용하는 것이 가장 좋습니다. 네이키드 케이크를 만들 때는 놓치지 말아야 할 몇 가지 규칙이 있는데, 그중에서도 가장 중요한 규칙은 스펀지케이크의 옆면을 그대로 노출해야 한다는 것입니다. (스펀지케이크가 보일 정도로 적은 양의 아이싱이나 슈거파우더를 뿌리거나 버터 크림을 아주 얇게 바르는 것 정도는 괜찮습니다.) 장식은 간단하면서도 극적이어야 합니다. 제가 즐겨 쓰는 방법은 다양한 색상의 스펀지케이크로 층을 쌓고 가장자리를 잘 다듬어 케이크 스펀지 자체를 멋진 장식으로 만드는 것입니다. 층층의 그러데이션이 돋보이는 케이크는 심플하면서도 그 자체로 아름답습니다.

번트팬 홈이 있는 케이크팬 같이 모양이 있는 케이크팬에 구워 약간의 아이싱, 슈거파우더 등으로 장식해도 예쁜 케이크를 완성할 수 있습니다. 신선한 베리를 케이크 가운데 얹는 것만으로도 간단하면서도 돋보이는 케이크가 됩니다. 링 모양의 빅토리아 스펀지케이크에 정원에서 꺾은 꽃을 설탕 코팅해서 장식하는 것도 좋은 방법입니다.

이 책에서는 특별한 순간을 빛내주는 센터피스로 활용해도 손색없는, 완벽한 케이크를 소개하고자 합니다. 앞으로 소개할 대부분의 케이크는 기본 스펀지케이크 레시피에 향료를 추가한 것입니다.

1장에서는 인생의 특별한 순간을 축하하기에 좋은 케이크를 소개합니다. 핑크 & 피스타치오 레이어 케이크처럼 필자가 가장 아끼는 케이크로 구성했습니다.

2장에서는 일상에서 돋보이는 케이크를 소개합니다. 폰던트 장식으로 살짝 덮은 미니 귤 케이크, 코팅한 민트를 얹은 민트 초콜릿 룰라드와 같은 간단한 아이디어가 돋보이는 케이크를 만날 수 있습니다.
3장에서는 파티 테이블을 빛낼 수 있는 고급스러운 케이크가 주를 이룹니다. 팀벌 여러 가지 음식을 오븐에 구울 때 사용하는 드럼 모양의 모양틀 드럼 모양의 케이크를 케이크 스탠드에 쌓아 올린 다음 슈거파우더를 뿌리거나 마카롱으로 장식함으로써 파리의 제과점이 연상되는 케이크를 만들 수 있습니다.
4장에서는 소박한 멋을 느낄 수 있는 케이크를 소개합니다. 딸기 무스 스위스 롤케이크로 만든 샬럿 로열, 슈거파우더로만 장식한 번트 케이크 등이 그것입니다. 신선한 베리를 사용하면 더욱 색감을 살릴 수 있을 것입니다.
화려한 케이크를 원한다면 5장을 펼쳐보세요. 벚꽃 가지 장식과 녹차 아이스크림 케이크, 화려한 커피와 파인애플 케이크, 블랙 & 화이트의 바둑무늬가 돋보이는 체커보드 케이크, 초록색으로 포인트를 준 페퍼민트 & 화이트초콜릿 케이크 등을 만날 수 있습니다.
마지막 6장에서는 사계절에서 영감을 받아 만든 라벤더 & 레몬 여름 케이크, 가을 호박 케이크, 크럼블을 얹은 겨울 크리스마스 케이크 등을 준비했습니다.
이 책에 소개하는 케이크 레시피만 있다면 평범한 스펀지케이크로도 충분히 감동을 전할 수 있을 것입니다.

CONTENTS

1 로맨틱 뷰티풀 케이크

2 시크 심플리시티 케이크

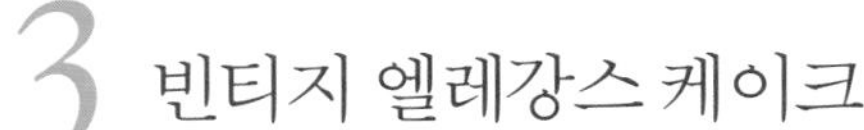

3 빈티지 엘레강스 케이크

4 올드 러스틱 스타일 케이크

5 드라마틱 이펙트 케이크

6 시즌 케이크

TIPS AND TECHNIQUES

아름다운 케이크를 만드는 비법과 요령

그러데이션 케이크 만들기

단면에 무늬를 넣고 싶다면 케이크에 색을 넣어 만들면 된다. 각 케이크의 컬러 농도를 달리해 층층이 쌓아 올리면 그러데이션이 아름다운 케이크를 만들 수 있다.

만드는 방법은 간단하다. 케이크 반죽 단계에서 색소를 넣고 잘 섞어준다. 이때 반죽에 색소가 완벽하게 섞여야 한다. 선명한 색을 낼 때는 젤 형태의 색소를 사용하는 것이 효과적이지만, 리퀴드 형태라도 무방하다.

4개 층의 케이크를 만들 경우, 완성된 반죽에 색소를 첨가한 다음 ¼ 분량의 반죽을 케이크팬에 담는다. 반죽을 편평하게 만든 후, 스패츌러로 반죽 윗면에 4등분을 표시하여 나눠 담도록 한다. 그다음 남은 반죽에 색소를 조금 더 첨가해 또 다른 케이크팬에 ⅓ 분량의 반죽을 담는다. 이 과정을 2번 더 반복해 컬러의 농도가 다른 4개의 케이크 반죽을 완성한다. 그다음 오븐에 넣어 굽는다. 색소를 넣을 때는 한 번에 너무 많은 양을 넣지 않도록 주의하자. 색이 단계적으로 진해지도록 작업해야 한다.

케이크가 다 구워지면 식힘망에 올려 완전히 식힌다. 충분히 식힌 케이크를 도마 위에 올려 돌려가며 옆면을 다듬어 케이크의 색상이 더욱 선명하게 보이도록 한다. 이때 완전히 식지 않은 케이크를 손질하면 부서질 수 있으니 주의해야 한다.

케이크 장식하기

이 책에서는 식용꽃, 스텐실, 생과일 등을 이용해 자연스럽게 장식하는 방법을 제안하지만, 개인의 창의력을 가감 없이 발휘해도 좋다. 필자는 쇼핑하면서 종종 케이크 장식이 될 만한 아이템을 찾는다. 아이디어는 우리 일상에서도 얼마든지 얻을 수 있으므로 항상 주변을 주시하는 편이다.

다만 식용꽃으로 장식할 경우, 위생적으로 문제가 없는지 확인해야 한다(15페이지 참고). 먹을 수 있는 꽃이라 해도 쓴맛이 날 수 있으므로 케이크를 먹기 전에 꽃은 제거해야 한다. 식용꽃이 아닌 생화는 식용으로 사용해서는 안 된다.

스텐실 기법으로 무늬를 내는 것은 생각보다 간단하다. 케이크보다 큰 종이에 무늬를 그려서 칼로 오려내는 방법으로 직접 만들어 사용할 수 있다. 케이크 윗면에 작업한 종이를 올린 다음 슈거파우더, 코코아파우더 등을 뿌려 윗면을 장식하면 된다. 시간이 부족할 경우 도일리를 이용하는 것도 좋은 방법이다.

간단하게 리본이나 끈으로 케이크를 장식하는 방법도 있다. 리본은 바느질 가게나 백화점에서 손쉽게 구입할 수 있다. 리본을 고정할 땐 소독한 재봉핀을 사용해야 한다. 먹기 전에 핀을 빼는 것도 잊지 말자.

케이크 반죽 양 정하기

이 책의 레시피는 대개 10~14인용 케이크를 기준으로 하지만, 경우에 따라 더 크거나 작게 만들 수도 있다. 예를 들어 3층 케이크를 2층 케이크로 만들고 싶다면 기존 케이크 반죽의 ⅓을 줄여 2개의 케이크팬에 나눠 구우면 된다. 더 큰 케이크를 만들고 싶다면 반죽 양을 늘리고, 케이크 시트를 여러 장 구움으로써 케이크 층을 높일 수 있다. 3층 케이크를 4층 케이크로 만들 땐, 기존 반죽 양의 ⅓을 추가해 4개의 팬에 나눠 구우면 된다. 반죽 양은 각자 사용하는 케이크팬의 사이즈에 따라 달라지므로 상황에 맞게 조절해야 한다.

레이어 케이크

이 책에서 소개하는 케이크는 크기가 크지 않고, 장비가 많이 필요하지 않아 만들기 쉽다. 케이크를 쌓을 때는 가장 큰 케이크를 케이크 받침의 중앙에 오도록 올린다. 레시피에 적힌 대로 첫 번째 케이크를 장식하고, 가운데를 잘 맞춰 두 번째 케이크를 올린다. 세 번째 케이크도 가운데를 잘 맞춰 올려 완성한다. 이때 중앙을 잘 맞춰야 균형 잡힌 케이크를 만들 수 있다.

웨딩 케이크 같은 큰 케이크를 만들 때는 케이크가 무너지지 않도록 고정하는 것이 무엇보다 중요하다. 우선 케이크와 같은 크기 또는 살짝 큰 크기의 가벼운 케이크 받침에 각각의 케이크를 올린다. 가장 큰 케이크를 준비한 케이크 스탠드에 올린 뒤, 두 번째 시트를 받칠 수 있도록 고정용 막대기를 첫 번째 케이크 시트에 꽂는다. 고정용 막대기는 케이크를 쌓아 올렸을 때 보이지 않도록 높이를 정확히 재어 케이크와 같은 높이로 사용해야 한다. 이 과정을 반복하여 케이크를 쌓아 올린다. 케이크를 이동해야 한다면, 완성한 상태에서 옮기는 것보단 케이크 단별로 포장해 필요한 장소에서 쌓아 올리는 것을 추천한다.

스펀지케이크 기본 반죽 만들기

이 책의 케이크에 사용되는 케이크는 아래 레시피대로 만들었으며 상황에 따라 반죽 양을 조절해가며 만들면 된다. 버터와 설탕을 볼에 담아 전기 믹서로 가벼운 크림 형태가 될 때까지 저어준다. 그다음 달걀을 넣어 잘 섞는다. 밀가루, 베이킹파우더, 버터밀크(또는 사워크림)를 넣고 스패출러로 부드럽게 섞는다. 그다음은 원하는 케이크의 레시피를 따라 만들면 된다.

● 셀프 라이징 밀가루 : 중력분에 베이킹파우더와 소금을 첨가한 것

달걀 2개 케이크 반죽

상온에 둔 부드러운 버터 115g
슈거파우더 또는 설탕 115g
달걀 2개
체 친 셀프 라이징 밀가루 115g
베이킹파우더 1큰술
버터밀크 또는 사워크림 1큰술

달걀 4개 케이크 반죽

상온에 둔 부드러운 버터 225g
슈거파우더 또는 설탕 225g
달걀 4개
체 친 셀프 라이징 밀가루 225g
베이킹파우더 2큰술
버터밀크 또는 사워크림 2큰술

달걀 5개 케이크 반죽

상온에 둔 부드러운 버터 280g
슈거파우더 또는 설탕 280g
달걀 5개
체 친 셀프 라이징 밀가루 280g
베이킹파우더 2½큰술
버터밀크 또는 사워크림 2½큰술

달걀 6개 케이크 반죽

상온에 둔 부드러운 버터 340g
슈거파우더 또는 설탕 340g
달걀 6개
체 친 셀프 라이징 밀가루 340g
베이킹파우더 3큰술
버터밀크 또는 사워크림 3큰술

USING EDIBLE FLOWERS

식용꽃 활용하기

꽃은 오래전부터 요리에 사용되어 왔으며, 내추럴한 장식을 원할 때 더없이 완벽한 재료다. 다양한 식용꽃을 그대로 장식하거나 설탕 코팅을 해서 사용할 수 있다. 다만 독이 있는 꽃이나 잘 모르는 꽃은 절대 먹어서는 안 된다. 화학제품이나 살충제가 뿌려진 꽃도 몸에 해로우므로 사용해서는 안 된다.

식용꽃 리스트

다음은 내 친구이자 꽃 전문가인 케시 브라운**Kathy Brown**의 감수를 받은 꽃 리스트다. 식용꽃을 소개하고 관련 지식을 알려준 그녀에게 감사의 말을 전한다. 다시 한번 강조하지만, 장식한 꽃이 안전한지 확신할 수 없을 때는 절대 먹어서는 안 된다.

- 구름패랭이꽃
- 금잔화
- 달맞이꽃
- 데이지
- 딜꽃
- 라벤더
- 레몬 버베나꽃과 잎
- 레몬밤
- 로즈메리
- 로켓샐러드꽃
- 민들레
- 바질꽃
- 베르가모트
- 보리지
- 비올라
- 사프란
- 선갈퀴
- 세이지꽃
- 쇠서풀
- 스위트 로켓
- 스위트 시슬리
- 애플 민트
- 앵초
- 야생 마조람/오레가노
- 오렌지꽃과 레몬꽃
- 원추리
- 장미
- 접시꽃
- 제라늄
- 참나리
- 카우슬립
- 캐머마일
- 클로버꽃
- 타임
- 펜넬꽃
- 한련
- 해바라기 꽃잎
- 향기제비꽃
- 호박꽃
- 홉
- 히비스커스
- 히솝

설탕 코팅한 꽃 만들기

식용꽃잎과 잎에 설탕 코팅을 하려면 달걀흰자 1개와 설탕, 슈거파우더가 필요하다.

1. 우선 코팅하고자 하는 꽃잎, 꽃, 잎에 흠집이 없는지 확인하고 불순물을 제거한다.
2. 거품기를 이용해 달걀흰자로 단단한 거품을 만들어 꽃잎과 잎의 앞뒤에 고루 발라준 뒤 설탕과 슈거파우더를 뿌린다. 꽃이나 잎 가까이에서 설탕을 뿌려야 설탕 코팅이 잘 된다.
3. 같은 방법으로 남은 꽃과 잎을 코팅한 뒤, 실리콘 매트나 유산지를 깐 베이킹팬 위에 올린다.
4. 마를 때까지 하루 정도 따뜻한 곳에 둔다.
5. 다 마른 후에는 밀폐용기에 꽃과 잎을 담고 유산지를 그 위에 덮고 또다시 꽃과 잎을 담는 식으로 층층이 쌓아두면 1~2달 정도 보관이 가능하다.

로맨틱 뷰티풀 케이크

PART 1

PISTACHIO LAYER CAKE

피스타치오 케이크

사랑스러운 분홍색 그러데이션 케이크 사이사이에 피스타치오 크림을 넣은 것입니다.
견과류 대신 생크림과 잼을 활용해도 좋습니다.

바닐라 익스트랙트 3큰술

달걀 6개 케이크 반죽 ▶13페이지 참고

분홍색 식용색소 젤

피스타치오 크림

껍질 벗긴 피스타치오 200g

슈거파우더 수북한 2큰술

생크림 600ml

버터를 바르고 유산지를 깐 20cm 원형 케이크팬 5개

짤주머니와 둥근 모양 깍

준비하기

준비한 피스타치오의 ¾과 슈거파우더를 푸드 프로세서에 넣고 곱게 간다. 남은 피스타치오는 장식용으로 거칠게 다져준다.

오븐

180℃(350℉)로 예열한다.

만들기

1 바닐라 익스트랙트를 케이크 반죽에 넣고 볼에 ⅕씩 나눠 담는다. 5개의 볼에 같은 양의 색소를 넣고, 첫 번째 볼에 소량의 색소를 더 넣는다. 나머지 4개의 볼에 색소의 양을 점점 많이 넣어 단계별로 진한 케이크를 만든다. 그다음 5개의 케이크팬에 각각 담는다. (만약 5개의 팬이 없다면, 케이크를 굽는 동안 남은 팬을 씻고 버터를 바르고 유산지를 깔아 반죽을 넣는 작업을 반복하여 5개의 케이크를 구우면 된다.)

2 예열한 오븐에 넣어 20~25분간 굽는다. 잘 구워진 케이크는 손가락으로 눌렀을 때 쉽게 꺼지지 않고 서서히 제 모습으로 돌아온다. 또 케이크 가운데를 칼로 살짝 찔러보았을 때 반죽이 묻어 나오지 않는지 확인한다. 오븐에서 꺼낸 상태로 살짝 식힌 뒤, 팬에서 케이크를 분리해 식힘망 위에 올려 완벽하게 식힌다.

3 분홍색 케이크가 잘 보이도록 식힌 후 구운 케이크의 가장자리에 갈색을 띤 부분을 칼로 조심스럽게 잘라낸다.

4 생크림, 피스타치오, 슈거파우더를 볼에 넣고 단단한 크림이 될 때까지 전기 믹서로 저어준다. 짤주머니에 완성된 크림을 담는다.

5 가장 진한 분홍색의 케이크를 케이크 받침 위에 얹고 짤주머니에 담은 피스타치오 크림을 두껍게 회오리 모양으로 짠다. 케이크의 가장자리 부분은 꼼꼼하게 메워준다. 점점 연한 색의 케이크를 그 위에 올리며 크림 작업을 반복한다. 피스타치오 크림을 마지막 시트 위에 짠 후, 스패출러로 매끈하게 정리한다. 장식용 피스타치오를 크림의 옆면에 살짝 눌러 붙인다.

보관하기

바로 먹거나 냉장고에 보관한다. 만든 당일 먹는 것이 가장 좋으며, 냉장고에서는 2일간 보관 가능하다.

팁

크림으로 전부 감싼 일반적인 케이크가 아닌 시트를 층층이 쌓은 케이크를 만들 때 가장 좋은 장식 방법은 반죽에 색소를 넣고 구워 다양한 색을 보여주는 것이다. 케이크 반죽을 여러 개의 볼에 나눠 담고, 색소의 양을 가감하며 넣어 시트를 만든다. 이렇게 하면 그러데이션이 아름다워 어떤 파티에서도 돋보이는 케이크를 완성할 수 있다.

STRAWBERRY LAYER CAKE

샹티 크림을 곁들인 딸기 레이어 케이크

샹티 크림을 곁들여 여름철에 어울리는 케이크로,
바닐라향 가득한 크림과 생딸기를 함께 즐길 수 있습니다.

18인용
재료

바닐라빈 파우더 1작은술 또는 퓨어 바닐라 시럽 2작은술
달걀 6개 케이크 반죽 ▶13페이지 참고
딸기 600g
딸기 잼 5큰술
슈거파우더 장식용
딸기잎 장식용

샹티 크림
생크림 600ml
바닐라빈 파우더 1작은술 또는 바닐라빈 1개(굵은 것)
체 친 슈거파우더 2큰술

버터를 바르고 유산지를 깐 20cm, 25cm 바닥 분리형 사각팬

오븐
180℃(350℉)로 예열한다.

만들기
1 케이크 반죽에 바닐라를 넣고 잘 섞은 뒤, 25cm와 20cm 사이즈의 팬에 각각 나눠 담는다. 이때 25cm 팬은 ⅔ 지점까지, 20cm 팬은 ⅓ 지점까지 반죽을 붓는다.
2 예열한 오븐에 넣어 갈색 빛이 날 때까지 30~40분 동안 굽는다. 작은 팬은 큰 팬보다 더 빨리 익으므로 다 익었을 때쯤 수시로 체크해야 한다. 잘 구워진 케이크는 손가락으로 눌렀을 때 쉽게 꺼지지 않고 서서히 제 모습으로 돌아온다. 또 케이크 가운데를 칼로 살짝 찔러보았을 때 반죽이 묻어 나오지 않는다. 오븐에서 꺼낸 상태로 살짝 식힌 뒤, 팬에서 케이크를 분리해 식힘망 위에 올려 완벽하게 식힌다.
3 볼에 생크림, 바닐라, 슈거파우더를 넣고 거품기로 저어 샹티 크림을 만든다. 거품기로 생크림을 살짝 찍어보았을 때 생크림이 흘러내리지 않고 곤두설 정도로 단단해질 때까지 저어준다.
4 딸기는 꼭지를 제거한 다음 슬라이스 한다. 장식용으로 사용할 딸기 1~2개는 남겨둔다.
5 잘 식힌 케이크는 긴 빵칼을 이용해 가로로 반을 자른다. 우선 접시에 25cm 사이즈의 케이크 아랫부분을 담은 후 윗면에 미리 만들어둔 샹티 크림을 바르고, 딸기 슬라이스와 딸기 잼 3큰술을 고루 얹는다. 반으로 자르고 남은 케이크의 윗부분을 올리고 슈거파우더를 뿌린다. 그다음 이 위에 20cm 사이즈의 케이크를 위와 동일한 방법으로 올린다. 그 전에 케이크 가운데에 딸기 잼 한 큰술을 살짝 펴 발라 각기 다른 사이즈의 케이크가 잘 고정될 수 있도록 해야 한다. 이렇게 샹티 크림 , 딸기, 딸기 잼 등의 순서대로 케이크를 다 올린 다음 마지막으로 슈거파우더를 뿌리고, 남겨두었던 딸기와 딸기 잎으로 케이크를 장식한다. 케이크를 자를 땐 딸기 잎은 제거한다.

보관하기
바로 먹거나 냉장고에 보관한다. 크림 케이크이니 만든 당일에 먹는 것이 좋다.

팁
4인용의 작은 크기로 만들려면 달걀 4개 케이크 반죽을 20cm 사각팬에 구워 기존 재료의 ½ 분량의 크림과 딸기를 얹으면 된다. 샹티 크림에 바닐라 시럽 대신 바닐라빈을 넣으면 좀 더 진한 바닐라향을 느낄 수 있다. 딸기 대신 산딸기를 사용해 데커레이션을 해도 좋다.

TURKISH DELIGHT CAKE

터키쉬 딜라이트 케이크

층층이 쌓은 분홍과 노란색의 케이크 시트,

그리고 반짝이는 터키쉬 딜라이트가 매력적인 케이크입니다.

10인용 재료

로즈시럽 또는 로즈워터 1큰술

달걀 4개 케이크 반죽 ▶13페이지 참고

분홍색 식용색소

장미잼 또는 라즈베리잼 3큰술

슈거파우더 장식용

작게 자른 분홍색&노란색 터키쉬 딜라이트

로즈 크림

식용으로 쓸 수 있는 무농약 장미꽃잎 한줌

로즈시럽 1큰술

체 친 슈거파우더 1큰술

무향 기름 1큰술(식용유 또는 해바라기유)

생크림 400ml

버터를 바르고 유산지를 깐 20cm 원형 케이크팬 2개

오븐

180℃(350℉)로 예열한다.

만들기

1 케이크 반죽에 로즈시럽을 넣고 스패출러로 잘 섞은 후, 준비한 케이크팬에 반을 담는다. 남은 반죽에 분홍 색소를 넣고 잘 섞이도록 저어준다. 분홍 색소를 넣은 반죽을 두 번째 케이크팬에 담는다.

2 예열한 오븐에 넣어 25~30분간 굽는다. 잘 구워진 케이크는 손가락으로 눌렀을 때 쉽게 꺼지지 않고 서서히 제 모습으로 돌아온다. 또 케이크 가운데를 칼로 살짝 찔러보았을 때 반죽이 묻어 나오지 않는지 확인한다. 오븐에서 꺼낸 상태로 살짝 식힌 뒤, 팬에서 케이크를 분리해 식힘망 위에 올려 완벽하게 식힌다.

3 장미꽃잎, 로즈시럽, 슈거파우더, 기름을 믹서에 넣고 갈아 장미 페이스트를 만든다. 장미 페이스트와 생크림을 볼에 넣고 거품기로 저어 단단한 크림을 만든다.

4 긴 빵칼로 케이크 시트의 갈색 빛이 나는 부분을 정리한다. 구운 케이크를 각각 가로로 반 자른다. 자른 분홍색 시트를 케이크 받침에 얹고 로즈크림 ⅓을 윗면에 바른다. 그 위에 잼을 펴 바르고, 자른 노란색 시트를 얹는다. 같은 방법으로 크림과 잼을 얹고, 분홍색과 노란색 순서로 올려 완성한다. 팔레트 나이프를 이용하여 가장자리를 매끈하게 마무리한다.

5 슈거파우더를 그 위에 뿌린 뒤, 터키쉬 딜라이트로 케이크를 장식한다.

보관하기

바로 먹거나 냉장고에 보관한다. 크림 케이크이므로 당일 먹는 것이 가장 좋으며, 냉장고에서 2일간 보관 가능하다.

팁

이 케이크는 장미꽃잎 크림과 장미 잼을 넣어 진한 장미향과 터키쉬 딜라이트 젤리 같은 질감의 사탕 의 향이 가득하다. 장미향을 선호하지 않는다면 향을 첨가하지 않은 생크림과 라즈베리 잼으로 대체해도 좋다.

미니 웨딩 케이크

작고 귀여운 미니 케이크로, 결혼식 같은 행사 때 손님들에게 나눠주기 좋습니다.
상상력이 이끄는 대로 다양한 장식을 할 수 있습니다.

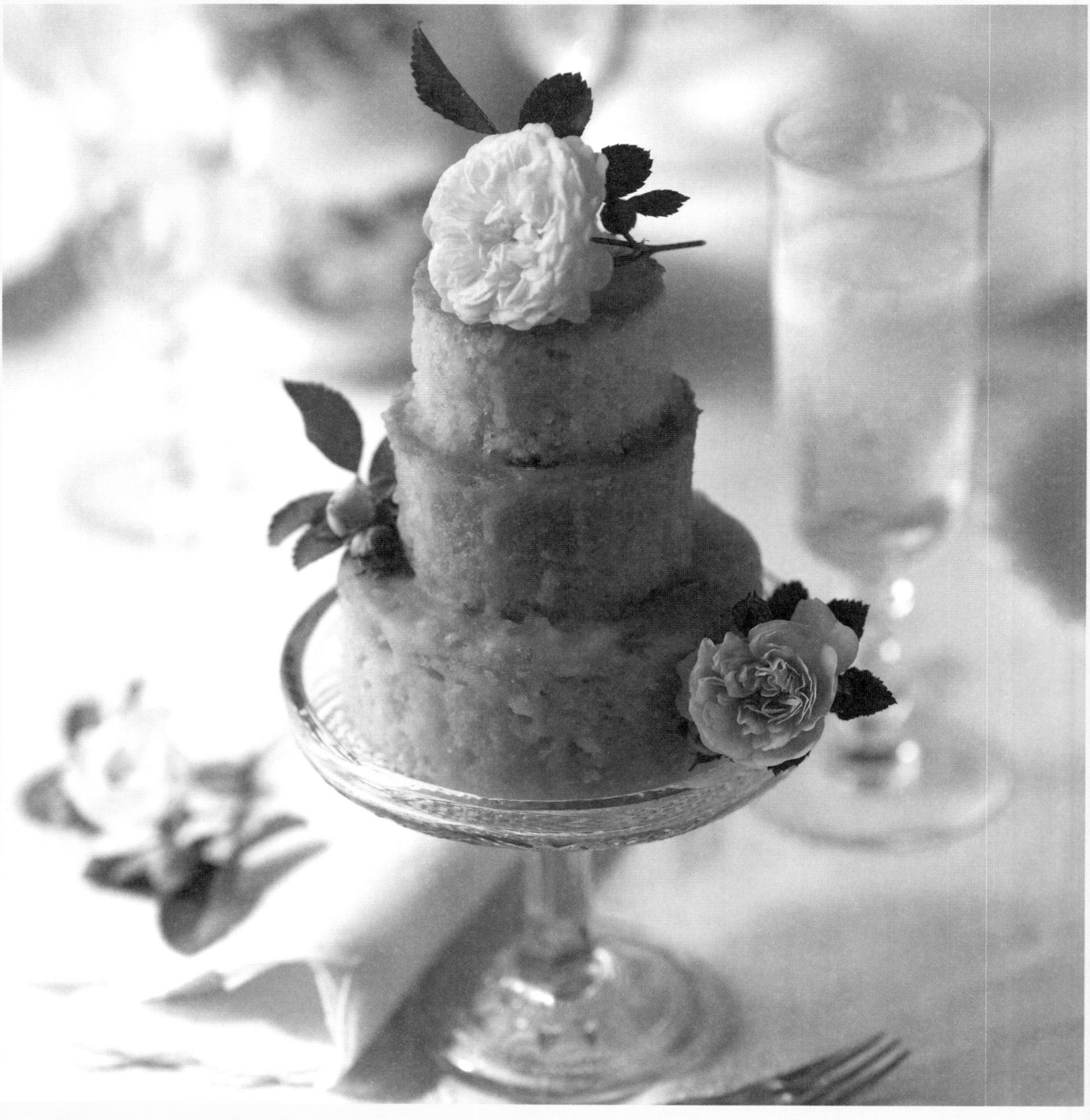

달걀 5개 케이크 반죽 ▶13페이지 참고

체 친 슈거파우더 400g

식용으로 쓸 수 있는 무농약 장미 또는 슈거 플라워(설탕으로 만든 꽃)

아이싱

체 친 슈거파우더 250g

부드러운 버터 10g(½큰술)

크림치즈 1큰술

바닐라 빈 파우더 ½작은술 또는 퓨어 바닐라 익스트랙트 1작은술

우유(필요에 따라)

버터를 바르고 유산지를 깐 40×28cm 얕은 직사각형 팬

9cm, 6.5cm, 4cm 원형 커터

오븐

오븐을 180℃(350℉)로 예열한다.

만들기

1 케이크 반죽을 준비한 팬에 담고, 예열한 오븐에 넣어 30~40분간 굽는다. 잘 구워진 케이크는 손가락으로 눌렀을 때 쉽게 꺼지지 않고 서서히 제 모습으로 돌아온다. 또 케이크 가운데를 칼로 살짝 찔러보았을 때 반죽이 묻어 나오지 않는다. 오븐에서 꺼낸 상태로 살짝 식힌 뒤, 팬에서 케이크를 분리해 식힘망 위에 올려 완벽하게 식힌다.

2 슈거파우더, 버터, 크림치즈, 바닐라를 볼에 넣고 거품기로 저어 매끈하고 단단한 크림을 만든다. 버터 크림이 너무 뻑뻑하다면 우유를 넣어 부드럽게 한다.

3 원형 커터 사이즈별로 각 6개씩 케이크를 찍어 낸다. 중간 크기의 케이크의 밑부분에 버터 크림을 살짝 바르고, 제일 큰 원형 케이크 위에 올린다. 가장 작은 크기의 케이크의 밑부분에 다시 버터 크림을 바르고, 중간 크기의 케이크 위에 올려 완성한다. 나머지도 반복하여 6개의 미니 케이크를 만든다.

4 슈거파우더를 물 80~100ml에 넣고 부드럽고 흐르는 투명한 아이싱이 될 때까지 열을 가한다. 미리 만들어 둔 6개의 미니 케이크는 식힘망에 올린다. 이때 트레이 위에 포일이나 유산지를 깔고 식힘망을 얹어 사용하면, 아이싱이 흘러내려도 뒷정리가 편리하다. 숟가락으로 아이싱을 뿌려 케이크를 얇은 층의 아이싱으로 완전히 덮는다.

만약 설탕으로 만든 장미로 장식하려면 아이싱이 굳기 전에 얹어야 한다. 생화로 장식한다면 아이싱이 잘 굳도록 둔다. 다 굳으면 잘 드는 칼로 식힘망 위의 케이크의 바닥을 분리하여 옮긴다.

5 케이크를 내기 직전에 생화로 장식한다. 만약 꽃으로 장식한다면 줄기나 꽃의 안쪽 부분은 매우 쓰므로 먹지 않도록 한다. 가급적 장식 목적으로만 사용하고 케이크를 자르기 전에 반드시 제거하도록 한다. 특히 안정성이 확인되지 않은 꽃은 절대 먹어서는 안 된다.

보관하기

이 케이크는 폰던트 아이싱을 매우 얇게 덮어서 일반 케이크보다 오래 보관할 수 있다. 밀폐용기에 넣으면 3일간 보관이 가능하다.

팁

케이크 반죽에 레몬 제스트, 초콜릿 칩, 사과 퓌레 등을 넣어 다양한 케이크를 만들 수 있다.

PEACH MELBA MERINGUE LAYER

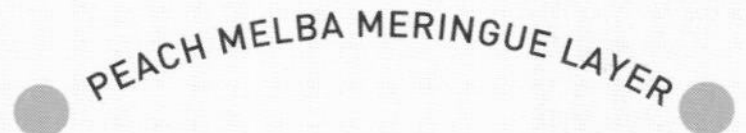

피치멜바 머랭 레이어 케이크

유명 가수 넬리 멜바가 사랑한 복숭아 위에 아이스크림을 얹어 만든
추억의 디저트 '피치멜바'에서 영감을 받아 만든 케이크입니다.

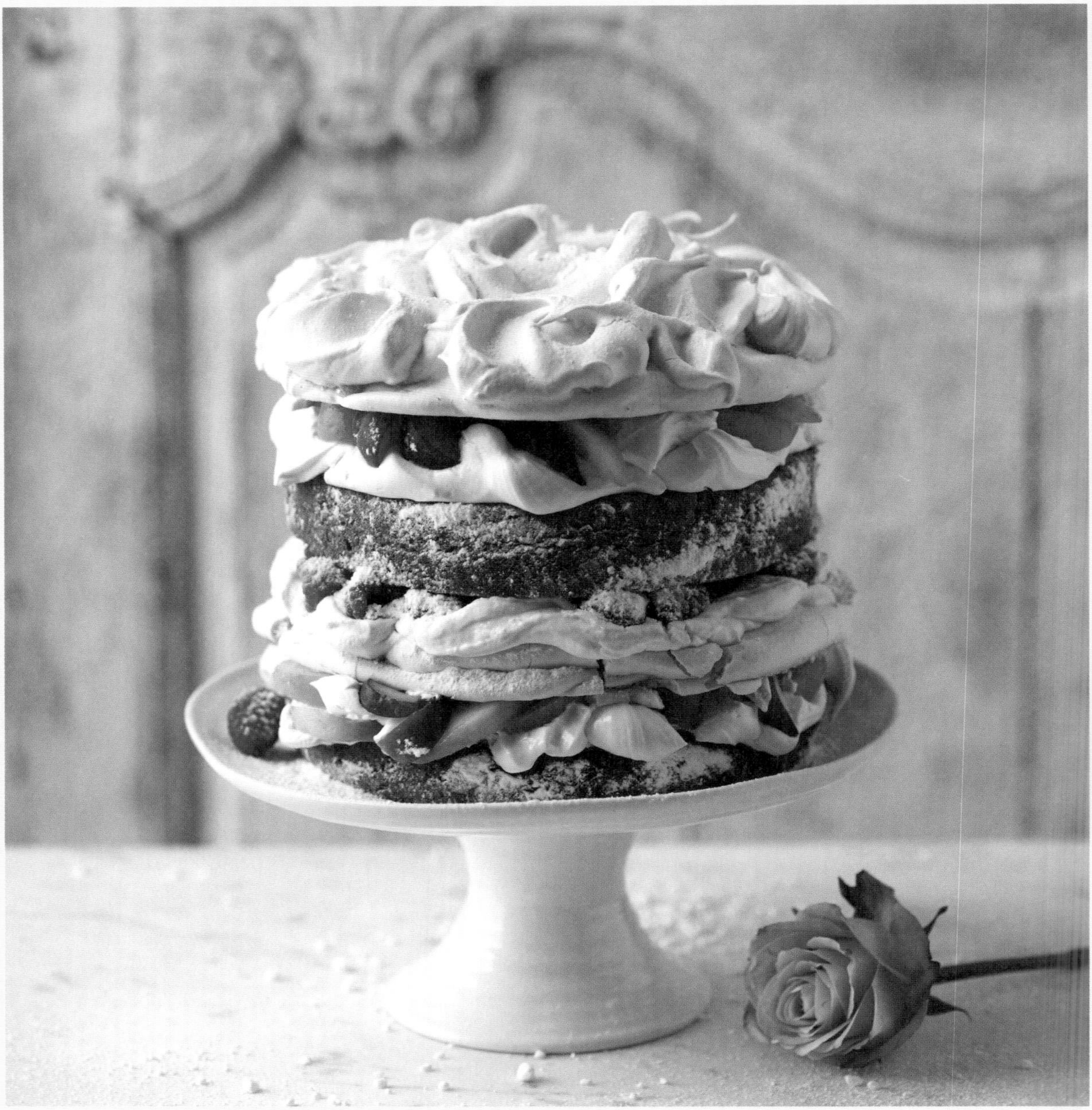

바닐라빈 페이스트 또는 퓨어 바닐라 익스트랙트 1작은술
달걀 4개 케이크 반죽 ▶13페이지 참고
슈거파우더 장식용

머랭

달걀흰자 4개
캐스터슈거 225g

복숭아 필링

복숭아 8개
거품 낸 생크림 500ml
라즈베리 400g

버터를 바르고 유산지를 깐 20cm 원형 케이크팬 2개
유산지를 깐 베이킹팬 2개

오븐

140℃(275℉)로 예열한다.

준비하기

달걀흰자를 전기 핸드 믹서로 단단한 거품이 될 때까지 젓는다. 설탕을 한 숟가락씩 넣으며 머랭이 단단하고 매끈해질 때까지 저어준다. 믹서로 머랭을 들어 올렸을 때 머랭의 끝부분이 뾰족하게 형태가 유지된다면 완성한 것이다.

만들기

1 준비한 팬 위에 20cm 지름의 원형 모양의 머랭을 올린다. 장식용으로 얹을 가장 윗부분의 머랭은 소용돌이 모양으로 만든다.
2 예열한 오븐에 넣어 머랭이 바삭해지도록 1시간 30분간 굽는다. 구운 머랭은 그대로 식힌다.
3 오븐을 180℃(350℉)로 온도를 조절하여 예열한다.
4 케이크 반죽에 바닐라를 넣고 잘 섞은 후, 준비한 케이크팬에 나눠 담는다. 케이크가 갈색 빛을 띨 때까지 20~30분간 굽는다. 잘 구워진 케이크는 손가락으로 눌렀을 때 쉽게 꺼지지 않고 서서히 제 모습으로 돌아온다. 또 케이크 가운데를 칼로 살짝 찔러보았을 때 반죽이 묻어 나오지 않는다. 오븐에서 꺼낸 상태로 살짝 식힌 뒤, 팬에서 케이크를 분리해 식힘망 위에 올려 완벽하게 식힌다.
5 복숭아를 볼에 넣고, 끓는 물을 복숭아가 잠길 정도로 붓는다. 몇 분간 두었다가 물을 버린다. 복숭아가 충분히 식으면 느슨해진 복숭아 껍질을 벗겨 씨앗을 제거하고, 과육을 얇게 자른다.
6 케이크 스탠드에 케이크를 올리고, 슈거파우더를 뿌린다. 거품을 낸 생크림 ⅓을 그 위에 바르고, 준비한 복숭아 슬라이스 ½로 생크림 위를 덮는다. 그 위에 머랭을 얹고 생크림 ⅓을 바르고 라즈베리를 얹는다. 두 번째 스펀지케이크를 그 위에 얹고 슈거파우더를 뿌린다. 남은 생크림과 복숭아 슬라이스를 순서대로 얹는다. 두 번째 머랭을 마지막으로 얹고, 슈거파우더를 뿌려서 완성한다.

보관하기

바로 먹거나 냉장고에 보관한다. 크림 케이크이니 당일에 먹는 것이 가장 좋으며, 2일간 냉장보관이 가능하다.

팁

바삭한 머랭, 달콤하게 졸인 복숭아, 라즈베리와 크림을 곁들인 이 케이크는 특별한 순간에 어울린다. 만약 작은 크기의 케이크를 원한다면 머랭과 케이크 반죽의 양을 반으로 줄이고 머랭 한 층만 얹어 만들면 된다.

ROSE PETAL CAKE

로즈 페탈 케이크

장미로 케이크를 장식하는 방법은 필자가 선호하는 데커레이션 중 하나입니다.
은은한 장미향이 늦여름 장미로 가득 찬 정원의 기억을 되살려 주기 때문이죠..

10인용
재료

바닐라 익스트랙트 2작은술

달걀 6개 케이크 반죽 ▶13페이지 참고

장미 크림

식용으로 쓸 수 있는 무농약 장미꽃잎

달걀흰자 1개

로즈워터 1작은술

캐스터슈거 약간

필링

식용으로 쓸 수 있는 무농약 장미꽃잎 한 줌

로즈 시럽 1큰술

슈거파우더 1큰술

생크림 400ml

장미꽃 잼

붓

실리콘 매트 또는 유산지를 깐 베이킹팬

버터를 바르고 유산지를 깐 20cm 원형 케이크팬 3개

짤주머니와 큰 크기의 별 모양 깍지

준비하기 : 설탕 코팅한 장미꽃잎 만들기

1 우선 꽃잎을 하루 동안 말린다.

2 달걀흰자와 로즈워터를 하얗게 거품이 일어날 때까지 거품기로 젓는다.

3 붓으로 달걀흰자를 장미꽃잎의 앞뒷면을 바르고, 그 위에 설탕을 뿌린다. 설탕은 손으로 꽃잎 바로 위에서 뿌리는 것이 좋으며, 접시 위에 놓고 하면 나중에 정리하기가 편하다.

4 남은 꽃잎에 모두 설탕을 입힌 후, 팬에 올려 따뜻하고 건조한 곳에 하루 놓아둔다. 마르면 밀폐용기에 담아 보관한다.

오븐

180℃(350℉)로 예열한다.

만들기

1 케이크 반죽에 바닐라를 넣어 잘 섞은 후, 준비한 케이크팬에 같은 양으로 나눠 담는다.

2 예열한 오븐에 넣어 갈색 빛이 돌 때까지 20~30분간 굽는다. 잘 구워진 케이크는 손가락으로 눌렀을 때 쉽게 꺼지지 않고 서서히 제 모습으로 돌아온다. 또 케이크 가운데를 칼로 살짝 찔러보았을 때 반죽이 묻어 나오지 않는다. 오븐에서 꺼낸 상태로 살짝 식힌 뒤, 팬에서 케이크를 분리해 식힘망 위에 올려 완벽하게 식힌다.

3 장미꽃잎, 로즈시럽, 슈거파우더를 푸드 프로세서에 넣고 갈아 장미 페이스트를 만든다. 만든 장미 페이스트와 생크림을 섞어 단단한 거품이 될 때까지 핸드 믹서로 저어 준다. 별 모양 깍지를 낀 짤주머니에 장미 크림을 담는다.

4 케이크 스탠드에 케이크를 얹고, 그 위에 장미 크림 ⅓을 짠다. 크림 위에 장미꽃 잼을 숟가락으로 얹는다. 두 번째 케이크를 얹고 장미크림 ½을 짜고 장미꽃 잼을 얹는다. 마지막 케이크를 올리고 남은 장미 크림을 팔레트 나이프로 펴 바르고 설탕 코팅한 장미꽃잎을 케이크 가운데에 얹는다. 말린 장미꽃잎은 케이크 가장자리에 둘러서 장식한다.

보관하기

바로 먹거나 냉장고에 보관한다. 크림 케이크이니 만든 당일 먹는 것이 좋으며, 냉장고에서 2일간 보관 가능하다.

팁

이 케이크는 크기가 크며, 셀레브레이션 티와 잘 어울린다.

NEAPOLITAN CAKES

나폴리 케이크

컬러풀한 나폴리 아이스크림에서 영감을 얻어 만든 레이어 케이크입니다.
초콜릿, 바닐라, 딸기 스펀지케이크를 어느 순서로 쌓더라도 멋진 케이크를 완성할 수 있습니다.

달걀 6개 케이크 반죽 ▶13페이지 참고

녹인 다크초콜릿 100g

바닐라 익스트랙트 1작은술

분홍색 식용색소 젤

필링

체 친 슈거파우더 500g

부드러운 버터 30g

바닐라빈 파우더 ½작은술 또는 퓨어 바닐라 익스트랙트 1작은술

우유(필요에 따라)

분홍색 식용색소 젤 약간

체 친 제과용 코코아파우더

장식

토핑용 초콜릿 컬 2큰술

으깬 벌집꿀 2큰술

다진 동결건조 라즈베리 또는 딸기 2큰술

버터를 바르고 유산지를 깐 20cm 사각 케이크팬 3개

4cm 원형 커터

오븐

180℃(350℉)로 예열한다.

만들기

1 케이크 반죽을 3개의 볼에 나눠 담는다. 녹인 초콜릿을 첫 번째 볼에 넣고 천천히 잘 섞은 후, 준비한 케이크팬에 담는다. 두 번째 볼에 바닐라를 넣고 잘 섞은 후, 케이크팬에 담는다. 마지막 볼에 분홍색 식용색소를 소량 섞은 후, 케이크팬에 담는다.

2 예열한 오븐에 넣어 20~25분간 굽는다. 잘 구워진 케이크는 손가락으로 눌렀을 때 쉽게 꺼지지 않고 서서히 제 모습으로 돌아온다. 또 케이크 가운데를 칼로 살짝 찔러보았을 때 반죽이 묻어 나오지 않는다. 오븐에서 꺼낸 상태로 살짝 식힌 뒤, 팬에서 케이크를 분리해 식힘망 위에 올려 완벽하게 식힌다.

3 슈거파우더, 버터, 바닐라를 넣고 부드러워질 때까지 거품기로 저어 버터 크림 필링을 만든다. 버터 크림이 뻑뻑하다면 우유를 넣어 농도를 조절한다.

4 버터 크림을 3개의 볼에 나눠 담는다. 분홍색 컬러 식용색소 젤은 첫 번째 볼에, 체 친 코코아파우더는 두 번째 볼에 넣고 잘 섞는다. 세 번째 볼에 담긴 버터 크림은 그대로 둔다.

5 3가지 구운 케이크를 원형 쿠키 커터로 16개씩 모양을 찍는다. 3가지의 케이크에 준비한 버터 크림을 스패출러로 펴 발라 3층 미니 케이크를 만든다.

6 윗면의 케이크에 따라 토핑을 달리 얹는다. 윗면이 초콜릿 크림이면 초콜릿 컬을, 분홍 크림에는 라즈베리나 딸기 조각을, 플레인 크림에는 벌집꿀을 얹는다.

보관하기

밀폐용기에 담아 2일 동안 보관 가능하며, 만든 당일에 먹는 것이 가장 좋다.

RED VELVET CAKE

레드 벨벳 케이크

미국에서 인기 있는 레드 벨벳 케이크는 빨간색 초콜릿 케이크입니다.
버터 크림을 얇게 바르고 하얀 장미를 얹으면 굉장히 아름다운 웨딩 케이크가 됩니다.

제과용 코코아파우더 60g

달걀 6개 케이크 반죽 ▶13페이지 참고

녹인 다크초콜릿 100g

빨간색 컬러 식용색소 젤

식용으로 쓸 수 있는 무농약 흰장미

프로스팅

크림치즈 200g

체 친 슈거파우더 400g

부드러운 버터 50g

우유(필요에 따라)

버터를 바르고 유산지를 깐 20cm 원형 케이크팬 3개

버터를 바르고 유산지를 깐 12cm 스프링폼 케이크 팬 2개

오븐

180℃(350℉)로 예열한다.

만들기

1 케이크 반죽에 코코아파우더, 녹인 초콜릿, 빨간색 컬러 식용색소 젤을 넣고 스패출러로 섞는다. 12cm 케이크팬에는 반죽을 적게, 20cm 케이크팬에는 좀 더 많이 넣어 같은 높이가 되도록 반죽을 나눠 담는다.

2 케이크 가운데를 칼로 살짝 찔러보았을 때 반죽이 묻어 나오지 않을 때까지 20~25분간 굽는다. 작은 팬은 큰 팬보다 더 빨리 익으므로 다 익었을 때쯤 수시로 체크해야 한다. 오븐에서 꺼낸 상태로 살짝 식힌 뒤, 팬에서 케이크를 분리해 식힘망 위에 올려 완벽하게 식힌다.

3 크림치즈, 슈거파우더, 버터를 넣고 부드러워질 때까지 거품기로 저어 프로스팅을 만든다. 버터 크림이 뻑뻑하다면 우유를 넣어 농도를 조절한다.

4 큰 크기의 케이크를 케이크 스탠드에 올리고 윗면에 프로스팅을 펴 바른다. 그 위에 같은 크기의 케이크를 얹고 프로스팅을 바르는 작업을 반복하여 3단을 만든다. 세 번째 케이크의 가운데에 프로스팅을 약간 펴 바른다. 그 위에 작은 사이즈의 케이크를 올리고 프로스팅을 바르고 남은 케이크를 얹는다. 팔레트 나이프로 케이크 옆면에 프로스팅을 얇게 덮는다. 이때 프로스팅을 바른 후에도 케이크가 보일 정도로 얇게 바르도록 한다.

5 장미로 장식한다. 장식한 꽃의 줄기나 꽃의 안쪽 부분은 매우 쓰므로 먹지 않도록 한다. 가급적 장식 목적으로만 사용하고, 케이크를 자르기 전에 반드시 제거해야 한다. 특히 안정성이 확인되지 않은 꽃은 절대 먹어서는 안 된다.

보관하기

밀폐용기에 담아 2일간 보관 가능하며, 만든 당일에 먹는 것이 가장 좋다.

BLUEBERRY AND LEMON DRIZZLE

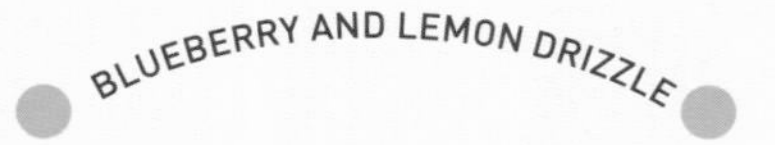

블루베리&레몬 케이크

상큼한 블루베리와 레몬 제스트의 완벽한 조합을 느낄 수 있는 케이크입니다.
생크림과 레몬 커드로 속을 채우고 맛있는 블루베리를 얹어 티 파티에 잘 어울립니다.

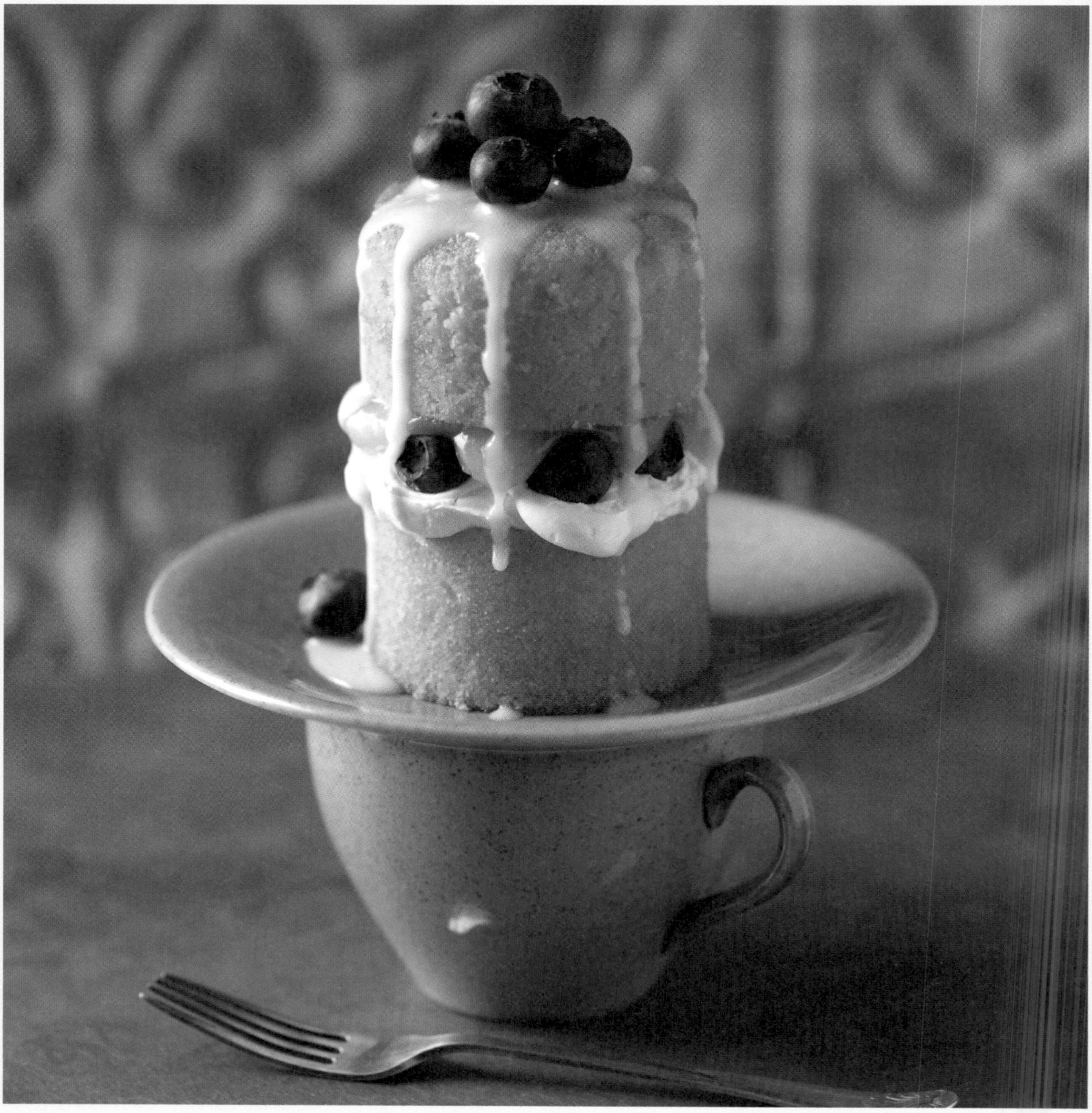

레몬 제스트(2개 분량)

달걀 4개 케이크 반죽 ▶13페이지 참고

거품 낸 생크림 200ml

레몬 커드 4큰술

블루베리 200g

아이싱

폰던트(체 친 슈거파우더) 170g

레몬즙(2개 분량)

버터를 바르고 유산지를 붙인 6.5cm 케이크링 8개

짤주머니와 큰 원형 깍지(선택)

짤주머니와 별 모양 깍지

오븐

180℃(350℉)로 예열한다.

만들기

1 케이크 반죽에 레몬 제스트색이 있는 레몬 껍질 부분을 갈아 만든 것를 넣고 섞은 후, 준비한 케이크링에 나눠 담는다. 스푼으로 담거나 짤주머니에 담아 깔끔하게 짜서 담는 방법이 있다.

2 예열한 오븐에 넣고 20~30분간 굽는다. 잘 구워진 케이크는 가운데를 칼로 살짝 찔러보았을 때 반죽이 묻어 나오지 않는다. 오븐에서 꺼낸 상태로 살짝 식힌 뒤 날카로운 칼로 케이크링 안쪽에 넣고 천천히 움직여 케이크를 분리한다. 식힘망 위에 올려 완벽하게 식힌다.

3 케이크를 가로로 반으로 자른다. 별깍지를 낀 짤주머니에 거품 낸 생크림을 담아 케이크의 아랫부분에 회오리 모양으로 짠다. 생크림 위에 레몬 커드와 블루베리를 얹고, 남은 케이크를 그 위에 얹는다.

4 슈거파우더와 레몬즙을 넣고 아이싱이 매끈하고 걸쭉해질 때까지 섞는다. 레몬즙은 조금씩 넣으며 양을 조절하는데, 아이싱의 농도에 따라서는 준비한 레몬즙을 다 쓰지 않아도 된다. 숟가락으로 아이싱을 케이크 위에 넓게 흩뿌린 후, 굳도록 잠시 둔다. 블루베리로 장식하고 아이싱을 굳힌다.

보관하기

먹기 전까지 냉장고에 보관한다. 크림 케이크이니 만든 당일 먹는 것이 좋으며, 냉장고에서 2일간 보관 가능하다.

시크 심플리시티 케이크

PART 2

LEMON AND RASPBERRY ROULADE

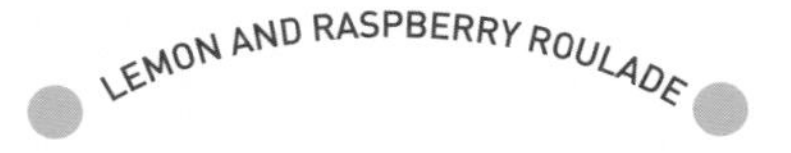

레몬 라즈베리 룰라드

슈거파우더와 초콜릿을 입힌 라즈베리를 얹어 신선하고 과일향이 가득합니다.
손쉽게 만들 수 있는 우아하고 맛있는 디저트 케이크입니다.

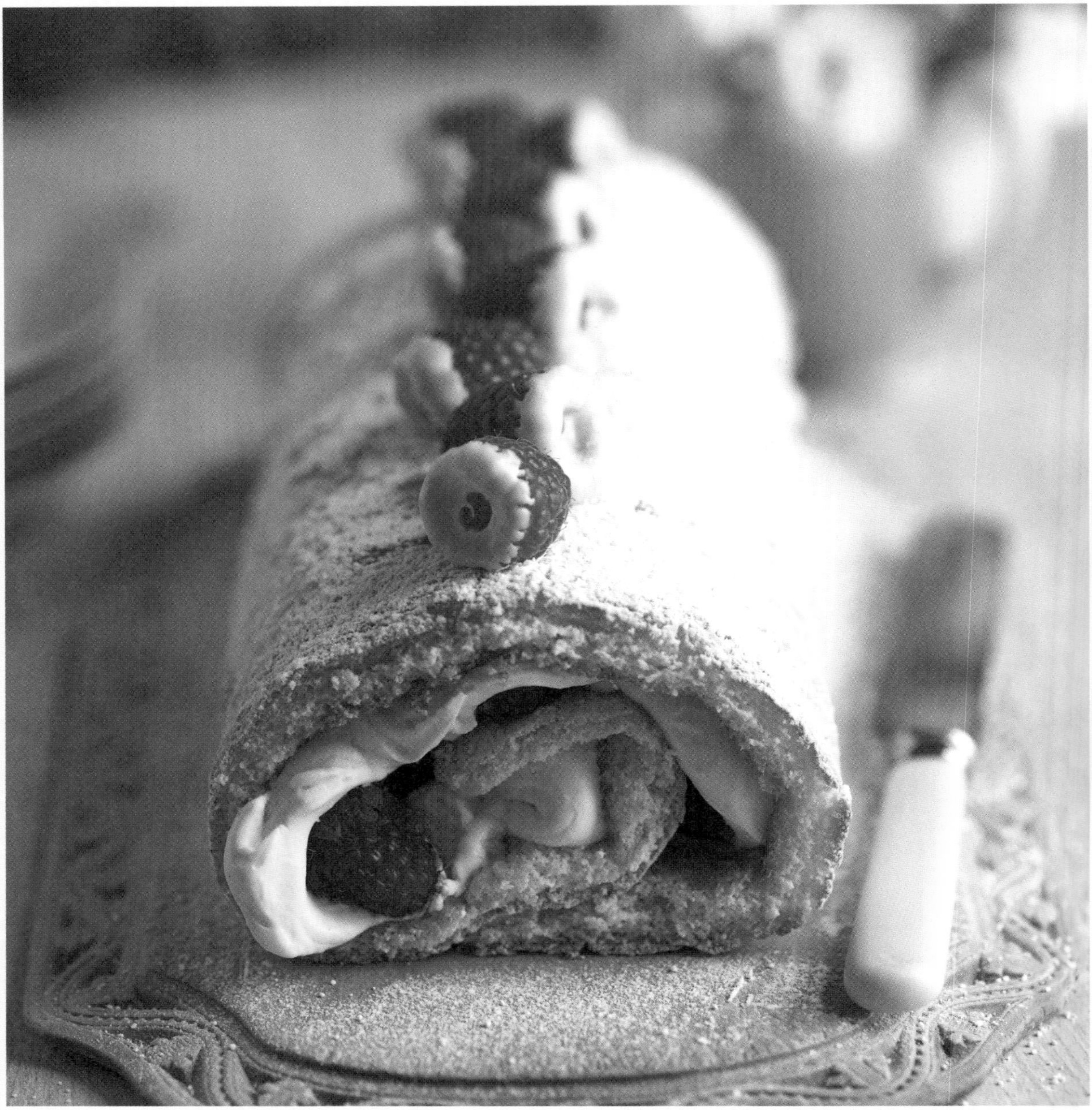

6인용 재료

우유 150ml

체 친 셀프 라이징 플라워• 40g

• 중력분에 베이킹파우더와 소금을 첨가한 것

흰자와 노른자 분리한 달걀 5개

캐스터슈거•입자가 매우 고운 설탕의 일종 150g

레몬 제스트(2개 분량)

슈거파우더 장식용

필링

생크림 400ml

커스터드 완제품(커스터드 소스) 4큰술

라즈베리 400g

장식

녹인 화이트초콜릿 50g

버터를 바르고 유산지를 깐 38×28cm 롤케이크팬

유산지 또는 실리콘 매트를 깐 베이킹팬

오븐

200℃(400℉)로 예열한다.

만들기

1 소스팬에 우유와 밀가루를 넣고 약불에 저어가며 페이스트를 만든다.

2 믹싱볼에 달걀노른자, 설탕을 넣고 거품기로 걸쭉하고 풍성해질 때까지 거품기로 저어준다. 그다음 밀가루와 레몬 제스트를 넣고 잘 섞는다.

3 믹싱볼에 달걀흰자를 넣고 단단한 거품이 될 때까지 거품기로 저어준다. 거품 낸 달걀흰자를 한 번에 ⅓씩 케이크 반죽에 넣어가며 잘 섞는다. 준비된 팬에 반죽을 담고, 표면이 평평하게 되도록 잘 펴준다. 조심스럽게 다듬어 반죽의 공기가 꺼지지 않도록 주의한다.

4 예열한 오븐에 8~12분간 굽는다. 잘 구워진 케이크는 갈색 빛이 나고 구운 스펀지를 눌렀을 때 제자리로 돌아온다.

5 유산지를 팬보다 크게 잘라 팬 위에 평평하게 깐 다음, 슈거파우더를 그 위에 뿌린다. 구운 룰라드를 슈거파우더를 뿌린 유산지 위에 얹는다. 룰라드의 유산지를 떼어내고, 슈거파우더를 뿌린 유산지와 함께 룰라드를 돌돌 말은 후, 식을 때까지 둔다.

6 케이크를 내기 직전에 생크림을 단단한 거품이 되도록 거품기로 젓는다. 룰라드를 다시 펴고, 스패출러로 거품 낸 생크림을 펴 바른다. 커스터드를 생크림 위에 바른다. 라즈베리는 장식용으로 10개 정도 남기고 남은 양을 커스터드 위에 골고루 뿌린다. 룰라드를 말은 후, 슈거파우더를 뿌린다.

7 녹인 화이트초콜릿을 볼에 담고, 장식용 라즈베리를 하나씩 녹인 초콜릿에 반만 담근다. 라즈베리가 잘 붙을 수 있도록 룰라드 위에 녹인 화이트초콜릿을 흩뿌린 후, 라즈베리로 그 위에 얹어 장식한다. 바로 먹는다.

CLEMENTINE CAKES

클레멘타인 케이크

필자는 귤의 은은한 시트러스 향을 좋아합니다. 이 케이크는 귤 아이싱과 예쁜 장미꽃잎으로 장식한 미니 케이크로, 애프터눈 티에 잘 어울립니다.

달걀 2개 케이크 반죽 ▶13페이지 참고

귤 주스 1 큰술

귤 제스트(2개 분량), 장식용 별도 준비

아이싱

체 친 슈거파우더 170g

귤 주스 40ml(3큰술)

장미 장식

식용으로 쓸 수 있는 무농약 주황색 장미꽃잎 20~30개

달걀흰자 1개

캐스터슈거 장식용

붓

실리콘 매트 또는 유산지를 깐 베이킹팬

버터를 바르고 유산지를 두른 지름 8cm 케이크링 10개

짤주머니와 큰 원형 깍지

준비하기 : 설탕 코팅한 장미꽃잎 만들기

1 꽃잎을 하루 동안 말린다.

2 달걀흰자를 하얗게 거품이 일어날 때까지 거품기로 젓는다. 붓으로 달걀흰자를 장미꽃잎의 앞뒷면을 바르고, 그 위에 설탕을 뿌린다. 설탕은 손으로 꽃잎 바로 위에서 뿌리는 것이 좋으며, 접시 위에 놓고 하면 나중에 정리하기가 편하다.

3 남은 꽃잎에 모두 설탕을 입힌 후, 팬에 올려 따뜻하고 건조한 곳에 하루 놓아둔다. 마르면 밀폐용기에 담아 보관한다.

오븐

180℃(350℉)로 예열한다.

만들기

1 귤 주스와 제스트를 케이크 반죽에 넣고 섞은 후, 준비한 케이크링에 같은 양으로 나눠 담는다. 스푼으로 담거나 짤주머니에 담아 깔끔하게 짜는 방법이 있다.

2 예열한 오븐에 넣고 20~30분간 굽는다. 잘 구워진 케이크는 손가락으로 눌렀을 때 쉽게 꺼지지 않고 서서히 제 모습으로 돌아온다. 또 케이크 가운데를 칼로 살짝 찔러보았을 때 반죽이 묻어 나오지 않는다. 오븐에서 꺼낸 상태로 살짝 식힌 뒤, 날카로운 칼로 케이크링 안쪽에 넣고 천천히 움직여 케이크를 분리한다. 식힘망 위에 올려 완벽하게 식힌다.

3 슈거파우더와 귤 주스를 넣고 섞어 흘러내리는 농도의 아이싱을 만든다. 숟가락으로 케이크 윗면이 덮이도록 얹는다. 설탕 코팅된 장미꽃잎과 귤 제스트로 장식하고 아이싱이 굳을 때까지 둔다.

보관하기

만든 당일에 먹는 것이 가장 좋으며, 밀폐용기에 담아 2일간 보관 가능하다.

LEMON MERINGUE CAKE

레몬 머랭 케이크

인기 있는 레몬 머랭 파이에서 아이디어를 얻어 만든 케이크입니다. 레몬 아이싱을 한 그러데이션 칼라 시트를 버터 크림과 레몬 커드로 채우고, 몽글몽글한 구름 모양의 머랭으로 장식합니다.

레몬 제스트(3개 분량)

달걀 6개 케이크 반죽 ▶13페이지 참고

노란색 식용색소 젤

아이싱

레몬즙(3개 분량)

체 친 슈거파우더 3큰술

레몬 커드 2큰술

필링

체 친 슈거파우더 350g

부드러운 버터 2큰술

우유 1~2큰술(필요에 따라)

머랭 토핑

캐스터슈거 100g

골든 시럽 1큰술

달걀흰자 2개

버터를 바르고 유산지를 깐 20cm 원형 케이크팬 3개

짤주머니와 별 모양 깍지

소형 토치

짤주머니와 큰 원형 깍지

오븐

180℃(350℉)로 예열한다.

만들기

1 케이크 반죽에 레몬 제스트를 넣고 섞는다. 반죽의 ⅓을 준비한 케이크팬에 담는다. 남은 반죽에 노란색 식용색소를 소량 넣고 잘 저어 준다. 노란색 반죽의 반을 두 번째 케이크팬에 담는다. 남은 반죽에 색소를 소량 넣어 진한 노란색을 만들어 케이크팬에 담는다.

2 예열한 오븐에 넣고 25~30분간 굽는다. 잘 구워진 케이크는 손가락으로 눌렀을 때 쉽게 꺼지지 않고 서서히 제 모습으로 돌아온다. 또 케이크 가운데를 칼로 살짝 찔러보았을 때 반죽이 묻어 나오지 않는다.

3 소스팬에 레몬즙과 슈거파우더를 넣고 끓여 아이싱을 만든다. 따뜻한 아이싱의 ⅓씩 3개의 케이크 위에 뿌린다. 아이싱을 뿌린 케이크를 팬 위에 올려 식힌다.

4 슈거파우더와 버터를 부드러워질 때까지 거품기로 저어 버터 크림 필링을 만든다. 버터 크림이 뻑뻑하다면 우유를 넣어 농도를 조절한다.

5 케이크 옆면의 색이 잘 보이도록 칼로 케이크의 둘레를 다듬는다. 가장 진한 노란색 케이크를 케이크 스탠드에 올리고, 그 위에 버터 크림의 반을 펴 바른다. 레몬 커드를 버터 크림 위에 바른다. 중간 단계의 케이크를 올리고 버터 크림과 레몬커드를 순서대로 바른다. 남은 케이크를 그 위에 얹는다.

6 소스팬에 설탕, 시럽, 물 3큰술을 넣고 끓여 설탕을 완전히 녹인다. 믹싱볼에 달걀흰자를 거품기나 믹서기를 이용하여 단단한 거품이 될 때까지 젓는다. 뜨거운 시럽을 달걀흰자에 졸졸졸 조금씩 넣어 섞는다. 머랭을 식힌다. (이탈리안 머랭을 만들 때는 스탠드 믹서를 이용하는 것이 편리하다.)

7 짤주머니에 머랭을 담아 케이크 윗면에 모양을 내어 짠다. 소형 토치를 이용해 머랭이 옅은 갈색 빛을 내도록 살짝 그을린다.

보관하기

머랭 토핑이 있으므로 바로 먹거나 최소한 당일에 먹는 것이 가장 좋다.

CARAMEL LAYER CAKE

캐러멜 레이어 케이크

토피를 좋아하는 위한 사람들을 위한 케이크라 하겠습니다. 흑설탕과 비슷한 당밀 향의 케이크에 캐러멜, 진한 클로티드 크림을 층마다 넣어 만듭니다. 제비꽃 대신 캐러멜이나 초콜릿 컬로 장식해도 좋습니다.

12인용 재료

흑설탕 340g
부드러운 버터 340g
달걀 6개
체 친 셀프 라이징 밀가루 340g
사워크림 2큰술
장식용 제비꽃 또는 거베라

캐러멜 글레이즈
버터 50g
캐스터슈거 100g
생크림 125ml
폰던트(체 친 슈거파우더) 80g

필링
클로티드 크림 225g 또는 단단하게 거품 낸 생크림 300ml

버터를 바르고 유산지를 깐 20cm 원형 케이크팬 3개

오븐
180℃(350℉)로 예열한다.

만들기
1 설탕, 버터를 거품기로 저어 크림 상태를 만든다. 달걀을 한 개씩 넣어가며 거품기로 저어 섞는다. 밀가루와 사워크림을 넣고 잘 섞은 후, 준비한 케이크팬에 같은 양으로 나눠 담는다.

2 갈색 빛이 날 때까지 25~30분간 굽는다. 잘 구워진 케이크는 손가락으로 눌렀을 때 쉽게 꺼지지 않고 서서히 제 모습으로 돌아온다. 또 케이크 가운데를 칼로 살짝 찔러보았을 때 반죽이 묻어 나오지 않는다. 칼로 케이크 둘레를 한 번 둘러주고 몇 분간 식힌 후, 팬에서 케이크를 분리해 식힘망 위에 올려 완벽하게 식힌다.

3 소스팬에 버터와 설탕을 넣고 녹인다. 캐러멜 색이 나기 시작하면 생크림을 넣고 금색 빛의 캐러멜이 될 때까지 약불에서 가열한다. 크림을 넣을 때 뜨거운 소스가 튈 수 있으니 조심히 넣도록 한다. 크림을 넣은 후 생기는 설탕 덩어리는 녹아 없어지나, 녹지 않는다면 촘촘한 체에 걸러 식힌다.

4 식은 캐러멜 글레이즈를 식힘망에 올린 케이크 위에 뿌린다. 식힘망 아래에 포일을 깔아 놓으면 떨어진 캐러멜 글레이즈를 정리하기 편하다. 클로티드 크림 반을 케이크 두 개에 각각 바른 후, 케이크 스탠드에 쌓아 올린다. 그다음 캐러멜 글레이즈만 뿌린 케이크를 얹고 식용 꽃으로 예쁘게 장식한다. 꽃의 줄기나 꽃의 안쪽 부분은 매우 쓰므로 먹지 않도록 한다. 가급적 장식 목적으로만 사용하고, 케이크를 자르기 전에 반드시 제거하도록 한다. 특히 안정성이 확인되지 않은 꽃은 먹어서는 안 된다.

보관하기
바로 먹거나 냉장고에 보관한다. 크림 케이크이니 만든 당일 먹는 것이 좋으며, 냉장고에서 2일간 보관 가능하다.

NAKED FANCIES CAKES

네이키드 팬시 케이크

전통적인 폰던트 팬시는 반짝이는 아이싱으로 덮인 레이어 케이크이지만, 이 책에서는 투명한 아이싱으로 덮어 케이크와 버터 크림 층이 돋보이는 네이키드 스타일로 소개합니다. 설탕 코팅 꽃으로 장식하면 애프터눈 티에 완벽하게 어울립니다.

달걀 2개 케이크 반죽 ▶13페이지 참고

바이올렛 리큐어 40ml

설탕 코팅된 제비꽃 장식용

장식용 글리터(선택)

버터 크림

슈거파우더 300g

부드러운 버터 30g

우유 1~2큰술(필요에 따라)

폰던트 글레이즈

폰던트(체 친 슈거파우더) 280g

바이올렛 리큐어 50ml

버터를 바르고 유산지를 깐 20cm 사각 케이크팬

오븐

180℃(350℉)로 예열한다.

만들기

1 케이크 반죽을 준비한 케이크팬에 담고 예열한 오븐에 넣어 갈색 빛이 날 때까지 20~25분간 굽는다. 잘 구워진 케이크는 손가락으로 눌렀을 때 쉽게 꺼지지 않고 서서히 제 모습으로 돌아온다. 또 케이크 가운데를 칼로 살짝 찔러보았을 때 반죽이 묻어 나오지 않는다.

2 오븐에서 꺼낸 상태로 살짝 식힌 뒤, 팬에서 케이크를 분리해 식힘망 위에 올려 완벽하게 식힌다.

3 슈거파우더와 버터를 부드러워 질 때까지 거품기로 저어 버터 크림을 만든다. 버터 크림이 뻑뻑하다면 우유를 넣어 농도를 조절한다.

4 케이크를 가로로 반 자른다. 케이크의 아랫부분을 도마나 쟁반에 올린다. 이때 도마나 쟁반은 냉장고에 들어갈 수 있도록 케이크 사이즈에 딱 맞는 것을 이용한다. 바이올렛 리큐어를 케이크에 뿌리고, 버터 크림을 얇게 펴 바른다. 두 번째 케이크를 그 위에 얹고 버터 크림을 다시 얇게 바른다. 버터 크림을 냉장고에 2시간 정도 두어 단단하게 굳힌다. 냉장고에서 꺼내 케이크의 가장자리를 다듬고 16개의 사각형 모양으로 자른다.

5 소스팬에 폰던트(슈거파우더)와 바이올렛 리큐르, 물 100ml를 담고 끓인다. 물을 조금씩 넣으면서 투명하며 흐르는 농도의 아이싱을 만들어야 케이크 위에 얇게 덮을 수 있다.

6 아이싱이 따뜻할 때 케이크를 완벽하게 덮는다. 좀 더 쉬운 방법으로는 아이싱에 케이크를 담가 코팅하는 방법이 있다. 이때 아이싱의 온도는 너무 뜨겁지 않아야 한다. 코팅된 케이크는 포일을 깐 식힘망에 올려 둔다.

7 설탕 코팅한 꽃으로 장식을 하고 반짝반짝 빛나는 효과를 위해 글리터를 뿌려도 좋다.

보관하기

이 케이크는 밀폐용기에 담아 2일간 보관 가능하다.

팁

바이올렛 리큐어 대신 코엥트로 또는 그랑 마니에를 사용해도 좋다.

CHOCOLATE PEPPERMINT ROULADE

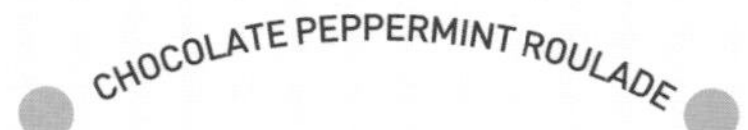

민트 잎으로 장식한 초콜릿 페퍼민트 룰라드

코코아파우더와 민트 잎으로만 장식한
세련된 디자인의 멋진 디저트 룰라드입니다.

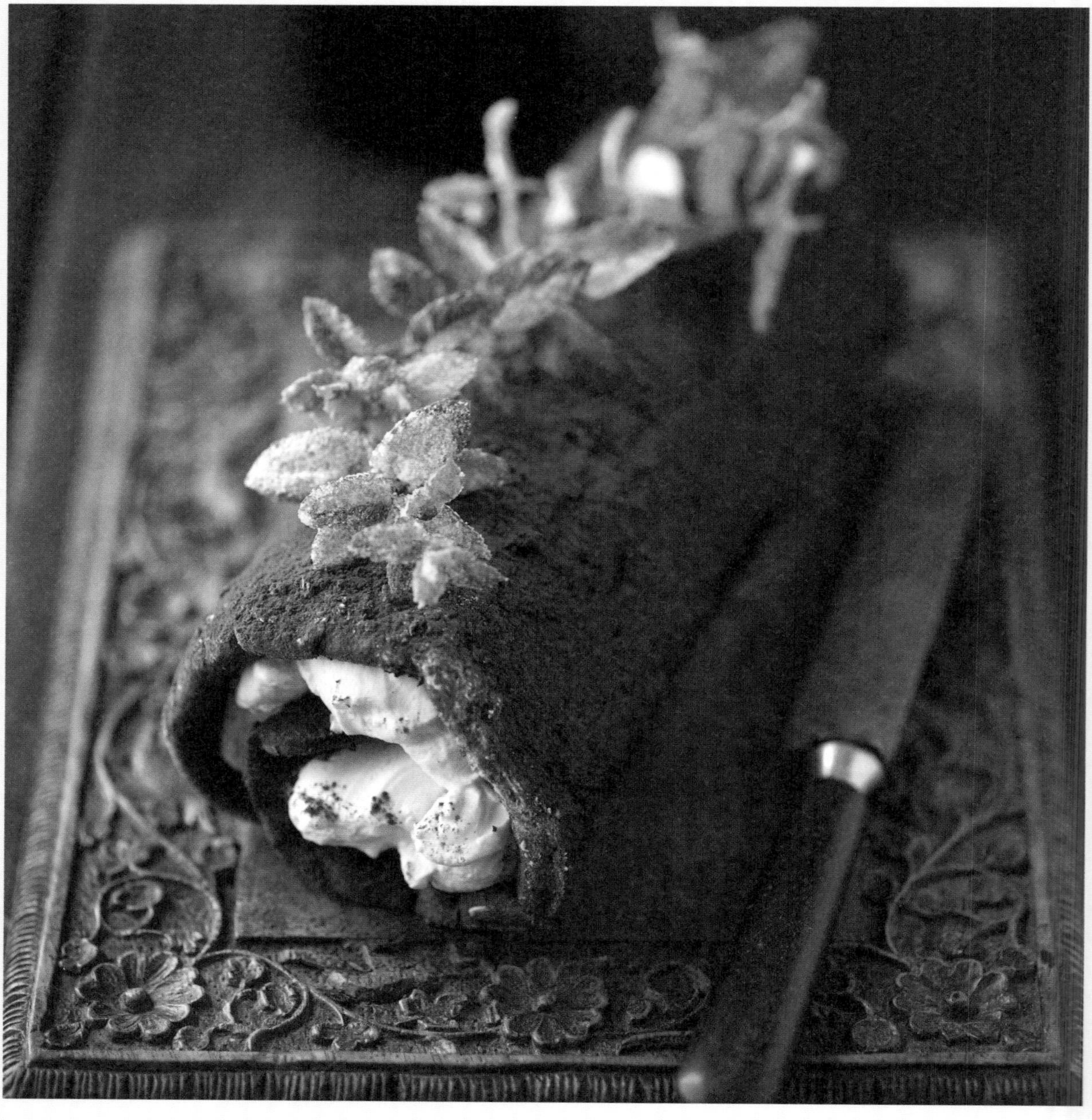

7인용 재료

우유 150ml
체 친 셀프 라이징 밀가루 40g
흰자와 노른자 분리한 달걀 5개
캐스터슈거 100g
녹인 페퍼민트향 다크초콜릿 100g
생크림 350ml
슈거파우더와 제과용 코코아파우더 장식용

코팅된 민트
민트 잎
달걀흰자 1개
캐스터슈거 약간

붓
실리콘 매트나 유산지를 깐 베이킹팬
버터를 바르고 유산지를 깐 38×28cm 롤케이크팬

준비하기 : 설탕 코팅한 민트 잎 만들기

1 달걀흰자를 하얗게 거품이 일어날 때까지 거품기로 젓는다.

2 붓으로 달걀흰자를 민트 잎의 앞뒷면을 바르고, 그 위에 설탕을 뿌린다. 설탕을 손으로 바로 꽃잎 바로 위에서 뿌리는 것이 좋으며, 접시 위에 놓고 하면 나중에 정리하기가 편하다.

3 남은 꽃잎에 모두 설탕을 입힌 후, 팬에 올려 따뜻하고 건조한 곳에 하루 놓아둔다. 마르면 밀폐용기에 담아 보관한다.

오븐

200℃(400℉)로 예열한다.

만들기

1 소스팬에 우유, 밀가루를 넣고 약불에서 거품기로 저어가며 부드러운 페이스트를 만든다. 믹싱볼에 달걀노른자, 설탕을 넣고 걸쭉한 크림 상태가 될 때까지 거품기로 저어준다. 밀가루를 넣고 섞은 후, 녹인 초콜릿을 넣고 섞는다.

2 믹싱볼에 달걀흰자를 넣고 단단한 거품이 될 때까지 거품기로 젓는다. 거품 낸 달걀흰자 반죽을 한 번에 ⅓씩 케이크 반죽에 넣으면서 섞는다. 준비된 롤케이크팬에 반죽을 담고, 반죽이 편평하게 되도록 펴준다.

3 예열한 오븐에 넣어 8~12분간 굽는다. 케이크를 눌렀을 때 쉽게 꺼지지 않고 제자리로 돌아오면 잘 구워진 것이다.

4 유산지를 팬보다 크게 잘라 팬 위에 편평하게 깐다. 유산지 위에 슈거파우더와 코코아파우더를 뿌린다. 구운 룰라드를 슈거파우더와 코코아파우더를 뿌린 유산지 위에 올린다. 룰라드의 유산지를 떼어내고, 팬 위의 유산지와 함께 룰라드를 돌돌 말은 후, 완전히 식을 때까지 둔다.

5 제공 전에 생크림을 거품기로 저어 단단한 거품을 만든다. 말아 놓았던 룰라드를 다시 펼쳐서 스패츌러로 생크림을 바르고, 다시 말아 준다. 접시 위에 얹고 코코아파우더를 살짝 뿌린다. 설탕 코팅한 민트로 장식하고 바로 제공한다.

보관하기

바로 먹거나 냉장 보관한다. 크림 케이크이니 만든 당일 먹는 것이 가장 좋으며, 냉장고에서 2일간 보관 가능하다.

COCONUT ANGEL CAKE

라즈베리를 얹은 코코넛 엔젤 케이크

코코넛을 넣어 달콤한 케이크 스펀지 위에 코코넛 아이싱과 신선한 라즈베리를 얹은 케이크입니다.
달걀노른자가 들어가지 않아 지방분이 거의 없고, 잘랐을 때 단면이 새하얀 것이 특징입니다.

8인용 재료

중력분 140g
슈거파우더 100g
달걀흰자 8개
캐스터슈거 100g
소금 약간
타르타르크림 1작은술
코코넛 슬라이스(말린 무가당 코코넛)

아이싱

코코넛크림 30ml
슈거파우더 150g

장식

코코넛 슬라이스 또는 생코코넛 쉐이빙 30g
라즈베리 300g
슈거파우더 장식용

버터를 바른 25cm 엔젤 케이크팬

만들기

1 밀가루와 슈거파우더를 함께 체 친다. 믹싱볼에 달걀흰자를 넣고, 거품기로 단단한 거품이 될 때까지 젓는다. 달걀흰자에 설탕을 한 숟가락씩 넣으며 젓다가, 소금과 타르타르크림을 넣고 잘 섞는다. 체 친 밀가루와 슈거파우더, 코코넛을 넣고 스패츌러로 부드럽게 섞는다. 반죽의 공기가 꺼지지 않도록 살살 섞는다.

2 준비한 케이크팬에 반죽을 담고, 갈색 빛이 날 때까지 30~35분간 굽는다. 잘 구워진 케이크는 손가락으로 눌렀을 때 단단하며, 케이크 가운데를 칼로 살짝 찔러보았을 때 반죽이 묻어 나오지 않는다. 케이크가 잘 떨어지도록 조심스럽게 칼로 케이크의 테두리를 둘러준 후, 팬에서 케이크를 분리해 식힘망 위에 올려 완벽하게 식힌다.

3 물기 없는 프라이팬에 장식용 코코넛을 넣고 약불에서 맛있는 갈색 빛이 될 때까지 가열한다. 코코넛은 쉽게 타므로 계속 지켜보다가, 갈색 빛이 나기 시작하면 더 이상 색이 변하기 않도록 재빨리 접시 위에 옮겨 담는다.

4 코코넛크림과 슈거파우더를 거품기로 잘 섞어 매끈하고 걸쭉한 아이싱을 만든다. 라즈베리와 구운 코코넛을 케이크 위에 얹고, 슈거파우더를 뿌린다.

보관하기

케이크는 만든 당일에 먹는 것이 가장 좋다.

NAKED BATTENBERG

네이키드 배턴버그

노란색과 분홍색의 사각형 바둑무늬가 귀여운 배턴버그 케이크입니다.
호불호가 갈리는 마지팬 대신 아몬드 버터 크림으로 코팅하여 매우 인기가 좋습니다.

8인용 재료

바닐라 빈 페이스트 또는 퓨어 바닐라 익스트랙트 1작은술
달걀 2개 케이크 반죽 ▶13페이지 참고
분홍색 식용색소
곱게 다진 구운 아몬드 슬라이스 100g

버터 크림

체 친 슈거파우더 115g
부드러운 버터 1큰술
아몬드 버터 1큰술
우유(필요에 따라)

버터를 바르고 유산지를 깐 20×15cm 배턴버그 케이크팬 또는 20×7cm 로프팬 2개

오븐

180℃(350℉)로 예열한다.

만들기

1 케이크 반죽에 바닐라를 넣고 섞은 후, 2개의 볼에 같은 양으로 나눠 담는다. 첫 번째 볼에 분홍색 식용색소를 몇 방울 넣고 잘 섞는다. 준비한 배턴버그의 팬을 4개로 나누고, 두 칸에는 분홍색 반죽, 나머지 두 칸에는 플레인 반죽을 담는다. (로프팬을 사용할 경우, 2개의 팬에 각각 분홍색 반죽, 플레인 반죽을 담으면 된다.)

2 예열한 오븐에 넣어 20~25분간 굽는다. 잘 구워진 케이크는 손가락으로 눌렀을 때 쉽게 꺼지지 않고 서서히 제 모습으로 돌아온다. 또 케이크 가운데를 칼로 살짝 찔러보았을 때 반죽이 묻어 나오지 않는다. 완전히 식힌 후, 조심스럽게 팬에서 분리한다. 구운 후에 케이크의 높이가 다를 경우 4개의 똑같은 직사각형 모양이 되도록 케이크의 높이를 다듬는다.

3 슈거파우더, 버터, 아몬드 버터를 함께 거품기로 저어 매끈하고 걸쭉한 상태의 버터 크림을 만든다. 버터 크림이 뻑뻑하다면 우유를 넣어 농도를 조절한다.

4 분홍색 케이크 위에 버터 크림을 바른 후, 플레인 케이크를 그 위에 얹는다. 이번에는 플레인 케이크 위에 버터 크림을 바른 후, 분홍색 플레인 케이크를 위에 얹는다. 위아래로 얹은 케이크의 옆면에 버터 크림을 바르고, 남은 케이크를 나란히 붙인다. 이때 같은 색의 케이크는 서로 대각선에 위치하도록 놓아야 한다.

5 버터 크림을 얇게 케이크의 겉면에 모두 바른다. 이때 케이크가 무너지지 않도록 조심스럽게 해야 한다. 접시에 아몬드를 펼쳐 놓고 케이크를 천천히 돌려준다. 바른 버터 크림에 아몬드가 박힐 수 있도록 적당하게 힘을 줘야 한다.

6 케이크를 랩으로 감싸서 2시간 동안 냉장고에 둔다. 랩을 제거하고, 케이크 스탠드 위에 올린다.

보관하기

이 케이크는 밀폐용기에 담아 2일간 보관 가능하다.

팁

배턴버그는 일반적으로 달콤한 마지팬으로 코팅하듯 감싸 만드는데, 마지팬 때문에 호불호가 갈리기도 한다. 네이키드 배턴버그 케이크는 마지팬 대신 구운 아몬드를 넣어 만든 아몬드 버터 크림으로 코팅한 것으로 부담이 적다.
배턴버그 케이크팬은 같은 크기의 4개의 직사각형으로 나눠져 있어 단면을 잘랐을 때 균일한 모양의 바둑무늬를 만들 수 있다. 배턴버그 케이크를 종종 만들곤 한다면 구입할 가치가 있는 도구이다. 만약 없다면, 로프팬 2개로 두 개의 다른 색 케이크를 구워 각각을 두 개의 직사각형으로 잘라 사용하면 된다. 이때 똑같은 4개의 사각형을 만들기 위해서는 똑같은 사이즈의 팬을 사용해야 한다.

NAKED BROWNIE STACK

네이키드 브라우니 스택

악마의 유혹만큼 진한 초콜릿이 가득한 브라우니를 케이크 스탠드에 높게 쌓은 다음
말린 베리나 꽃잎으로 장식한 케이크입니다.

24조각
재료

버터 250g
다진 다크초콜릿 350g
달걀 5개
캐스터슈거 200g
흑설탕 200g
중력분 200g
다진 화이트초콜릿 200g

장식
제과용 코코아파우더 장식용
동결건조 라즈베리와 딸기 또는 식용꽃

버터를 바르고 유산지를 깐 38×28cm 케이크팬

준비하기

1 버터와 다크초콜릿을 내열 볼에 담는다.
2 기포가 올라올 정도의 끓는 물 위에 볼을 얹는다. 이때 볼이 물에 닿지 않도록 한다.
3 버터와 초콜릿이 녹아 부드럽고 광택이 나는 소스가 되도록 젓는다.
※ 좀 더 빠르게 만들려면 전자레인지를 이용한다. 버터와 초콜릿을 전자레인지에서 40초간 데운 후 저어가며 섞는다. 전자레인지에 다시 넣고 20~30초간 데워 완전히 녹인 다음 식힌다.

오븐

180℃(350℉)로 예열한다.

만들기

1 큰 믹싱볼에 달걀, 설탕을 넣고 걸쭉한 크림 상태가 되도록 거품기로 젓는다. 부피가 2배가 될 때까지 계속한다. 이어서 녹인 초콜릿과 버터를 넣고 젓는다. 밀가루, 다진 화이트초콜릿, 장미시럽을 넣고, 스패츌러로 부드럽게 섞는다.
2 준비한 팬에 반죽을 담고 예열한 오븐에서 30~35분간 굽는다. 잘 구워진 브라우니의 윗면은 바삭하고 속은 부드럽다. 완벽히 식힌 후, 틀에서 꺼내 24개의 정사각형으로 자른다.
3 코코아파우더를 뿌리고 라즈베리와 딸기 조각이나 식용 꽃잎을 뿌려 장식한다. 케이크 스탠드에 브라우니를 쌓아 올리거나 접시에 담아 제공한다.

보관하기

브라우니는 밀폐용기에 담아 5일간 보관 가능하다.

SALTY HONEY CAKE

솔티 허니 케이크

뉴욕 브루클린의 유명한 케이크 전문점 '포 앤드 투엔티 블랙버즈Four and Twenty Blackbirds'의 파이에서 영감을 받아 만든 것입니다. 소금의 짠맛과 꿀의 단맛이 매우 조화로운 케이크로, 바닐라 소금만 있으면 완벽한 맛을 낼 수 있습니다.

10인용
재료

흘러내릴 수 있는 농도의 꿀 2큰술
바닐라 소금 약간 또는 천일염과 바닐라 익스트랙트 1작은술
달걀 5개 케이크 반죽 ▶13페이지 참고

솔티 허니 글레이즈
흘러내릴 수 있는 농도의 꿀 2큰술
버터 50g
바닐라 소금 약간 또는 천일염과 바닐라 익스트랙트 1작은술

버터를 바른 26cm 원형 번트팬

오븐
180℃(350℉)로 예열한다.

만들기
1 꿀과 바닐라 소금을 케이크 반죽에 넣고 잘 섞은 후, 준비한 번트팬에 담는다.
2 예열한 오븐에 넣어 갈색 빛이 날 때까지 45~60분간 굽는다. 잘 구워진 케이크는 손가락으로 눌렀을 때 쉽게 꺼지지 않고 서서히 제 모습으로 돌아온다. 또 케이크 가운데를 칼로 살짝 찔러보았을 때 반죽이 묻어 나오지 않는다. 팬에 있는 상태로 완벽하게 식힌 후, 케이크를 살짝 비틀고 칼로 케이크 주변을 둘러서 잘 꺼낼 수 있도록 한다.
3 꿀과 버터를 소스팬에 넣고 약불에서 버터가 녹을 때까지 끓이다가 바닐라를 넣어 글레이즈를 만든다. 케이크의 윗면에 글레이즈를 뿌리고 굳도록 둔다.

보관하기
이 케이크는 밀폐용기에 담아 2일간 보관 가능하다.

팁
병에 천일염과 바닐라빈을 통째로 넣고 바닐라가 잘 섞이도록 흔든 다음, 소금에 바닐라 향이 잘 스며들도록 몇 주간 두면 나만의 바닐라 소금을 만들 수 있다.

RUSTIC CHEESECAKE TOWER

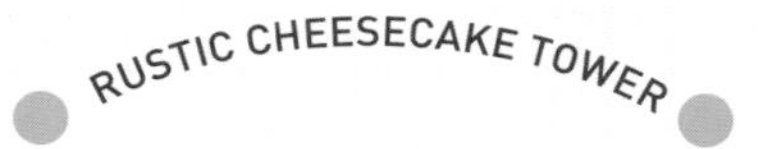

러스틱 치즈 케이크 타워

평범한 치즈 케이크에 다양한 베리와 꽃을 얹기만 해도 화려한 케이크가 탄생합니다. 치즈 크림에 시트러스 제스트나 초콜릿 칩, 럼주에 절인 건포도를 넣어 다양한 스타일로 만들 수 있으며, 웨딩 케이크로도 손색이 없습니다.

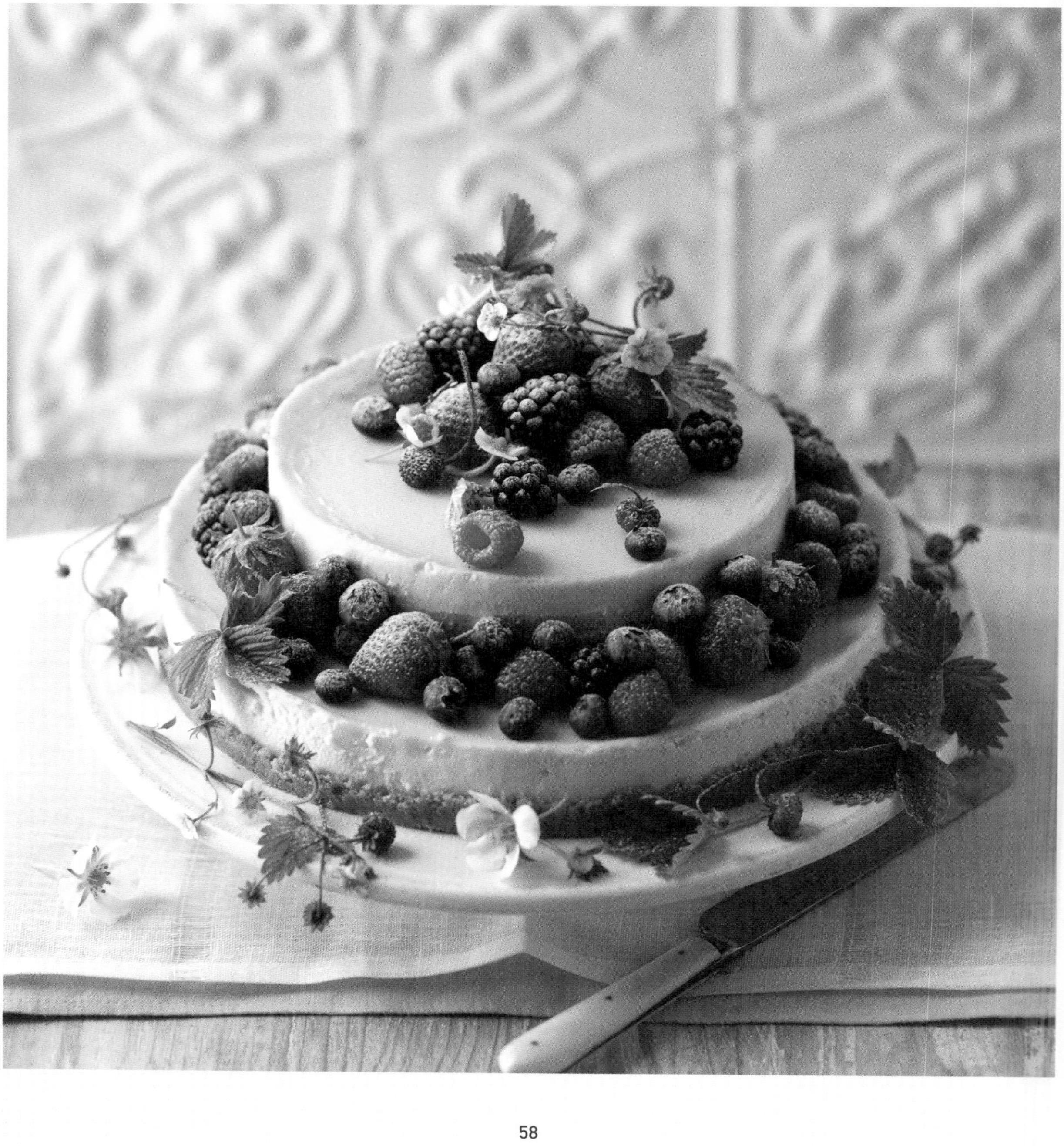

베이스

다이제스티브 비스킷 400g

녹인 버터 200g

필링

크렘 프레슈(사워크림) 750ml

크림치즈 800g

중력분 3큰술

바닐라빈 1개

장식

신선한 베리류와 무농약 딸기 꽃잎과 꽃

슈거파우더

버터를 바르고 유산지를 깐 18cm, 26cm 스프링폼 케이크팬

오븐

170℃(325℉)로 예열한다.

만들기

1 비스킷을 푸드 프로세서에 넣어 곱게 갈거나 위생백에 넣고 밀대로 내려쳐 잘게 부순다. 믹싱볼에 버터와 함께 넣고 잘 섞은 후, 준비한 팬의 바닥에 깔고 숟가락으로 꾹꾹 눌러준다. 팬의 바닥 부분을 랩으로 여러 번 감싼 후, 물을 반 정도 담은 큰 로스팅 팬에 위에 놓는다.

2 크렘 프레슈(사워크림), 달걀, 설탕, 크림치즈, 밀가루를 거품기로 저어 필링을 만든다. 날카로운 칼로 바닐라빈을 반으로 가르고, 안쪽 부분을 긁어 필링에 넣는다. 바닐라가 골고루 잘 섞이도록 저어준다.

3 큰 팬에는 필링의 ⅔를 담고, 작은 팬에는 ⅓을 담는다.

4 예열한 오븐에 넣어 1시간~1시간 15분간 굽는다. 윗면에서 갈색 빛이 나고 가운데 부분은 말랑말랑하게 탄성이 있어야 한다.

5 오븐에서 꺼낸 상태로 식힌 후, 냉장고에 최소 3시간 동안 둔다. 가급적이면 하루 동안 둔다.

6 팬에서 치즈 케이크를 분리한다. 케이크 스탠드에 큰 치즈 케이크를 얹고, 그 위에 작은 치즈 케이크를 가운데에 얹는다. 신선한 베리와 꽃으로 장식한 후, 슈거파우더를 뿌린다.

보관하기

치즈 케이크는 3일간 냉장고에서 보관 가능하다.

PART 3
빈티지 엘레강스 케이크

BUNTING CAKE

번팅 케이크

필자는 집안의 거의 모든 방과 정원에 깃발을 걸어 놓을 정도로 깃발 장식을 좋아합니다.
이 케이크는 제가 가장 좋아하는 케이크 중 하나입니다.

바닐라빈 파우더 ½작은술 또는 퓨어
바닐라 익스트랙드 1작은술
달걀 6개 케이크 반죽 ▶13페이지 참고
클로티드 크림 225g 또는 단단하게
거품 낸 생크림 300ml
딸기 잼 4큰술
슈거파우더 장식용
식용으로 쓸 수 있는 무농약 카네이션 장식용

버터를 바르고 유산지를 깐 20cm 원형 케이크팬 3개
나무 꼬치 2개
바늘과 실
장식용 천이나 포장지
투명 테이프

오븐

180℃(350℉)로 예열한다.

만들기

1 케이크 반죽에 바닐라를 넣고 잘 섞은 후, 준비한 케이크팬에 같은 양을 나눠 담는다.

2 예열한 오븐에 넣어 갈색 빛이 날 때까지 25~30분간 굽는다. 잘 구워진 케이크는 손가락으로 눌렀을 때 쉽게 꺼지지 않고 서서히 제 모습으로 돌아온다. 또 케이크 가운데를 칼로 살짝 찔러보았을 때 반죽이 묻어 나오지 않는다. 오븐에서 꺼낸 상태로 살짝 식힌 뒤, 팬에서 케이크를 분리해 식힘망 위에 올려 완벽하게 식힌다.

3 준비한 천이나 포장지를 작은 삼각형 모양으로 자른 후, 실로 꿰매어 깃발을 만든다. 꼬치의 끝부분에 매듭을 묶어 고정시켜 완성한다.

4 케이크 스탠드에 케이크를 올린다. 클로티드 크림을 윗면에 바른 후, 잼 2큰술을 그 위에 바른다. 두 번째 케이크를 얹고, 남은 클로티드 크림과 잼을 순서대로 바른다. 세 번째 케이크를 얹고, 슈거파우더를 골고루 뿌린다.

5 깃발의 꼬치 부분을 윗면에 꽂고 깃발이 안정적이고 예쁘게 보일 수 있도록 꼬치의 높이를 조절한다. 꽃을 가운데에 얹어 장식한다. 꽃은 가급적 장식 목적으로만 사용하고, 케이크를 자르기 전에 반드시 제거하도록 한다. 특히 안정성이 확인되지 않은 꽃은 절대 먹지 않도록 한다.

보관하기

바로 먹거나 냉장 보관한다. 크림 케이크이니 만든 당일 먹는 것이 좋으며, 냉장고에서 2일간 보관 가능하다.

팁

정말 특별한 케이크를 만들고 싶다면 다양한 색의 포장지나 천을 잘라 손수 깃발을 만들어 사용해도 좋다. 웨딩 케이크일 경우 사이즈를 좀 더 크게 만들면 된다.

EARL GREY TEA CAKE

얼 그레이 티 케이크

베르가모트 시트러스 향이 가득한 뜨거운 얼 그레이 차보다 상쾌한 음료는 없을 것입니다.
얼 그레이 향이 가득한 이 과일 케이크는 오후에 차 한 잔과 곁들이기에 그만입니다.

8인용
재료

얼 그레이 티백 1개

꿀 1큰술

청건포도

캐스터슈거 80g

달걀 2개

1개 분량의 레몬 제스트

체 친 셀프 라이징 밀가루 280g

말린 수레국화 꽃잎 1큰술(선택)

슈거파우더 장식용

버터를 바르고 유산지를 깐 23cm 사각 케이크팬

준비하기

끓는 물 250ml에 티백을 넣고 2~3분간 우린다. 티백을 건져내고, 꿀과 건포도를 넣는다. 건포도가 충분히 불 때까지 2~3시간 동안 담가 둔다. 건포도는 건지고, 남은 찻물은 반죽에 넣어 사용한다.

오븐

180℃(350℉)로 예열한다.

만들기

1 설탕과 달걀을 걸쭉한 크림 상태가 될 때까지 거품기로 저어준다. 절인 건포도, 레몬 제스트, 밀가루, 꽃잎을 넣고 잘 섞는다. 건포도를 담갔던 찻물을 넣고 계속 젓는다.

2 준비한 팬에 반죽을 담고, 45~60분간 갈색 빛이 날 때까지 굽는다. 케이크 가운데를 칼로 살짝 찔러보았을 때 반죽이 묻어 나오지 않는지 확인한다. 오븐에서 꺼낸 상태로 살짝 식힌 뒤, 팬에서 케이크를 분리해 식힘망 위에 올려 완벽하게 식힌다. (따뜻한 상태로 제공해도 된다.)

3 제공 전에 슈거파우더를 뿌린다. 도일리를 케이크 윗면에 올리고, 슈거파우더를 뿌리면 슈거파우더로 무늬를 만들 수 있다.

보관하기

이 케이크는 밀폐용기에 담아 최대 3일간 보관 가능하다.

팁

파란색의 수레국화 말린 꽃잎을 케이크 반죽에 넣어 구우면 좀 더 멋진 케이크를 만들 수 있다.

FLOWER GARDEN TIMBALE CAKES

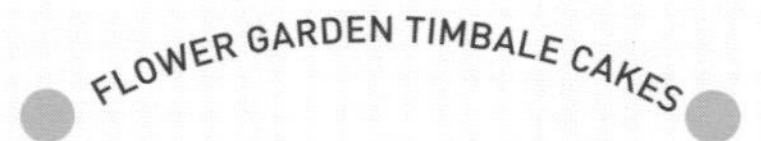

플라워 가든 미니 케이크

바닐라향 케이크에 설탕을 곱게 뿌린 매우 간단하게 만들 수 있는 케이크입니다.
층층이 쌓아 식용꽃으로 장식하면 웨딩 케이크로도 손색이 없습니다.

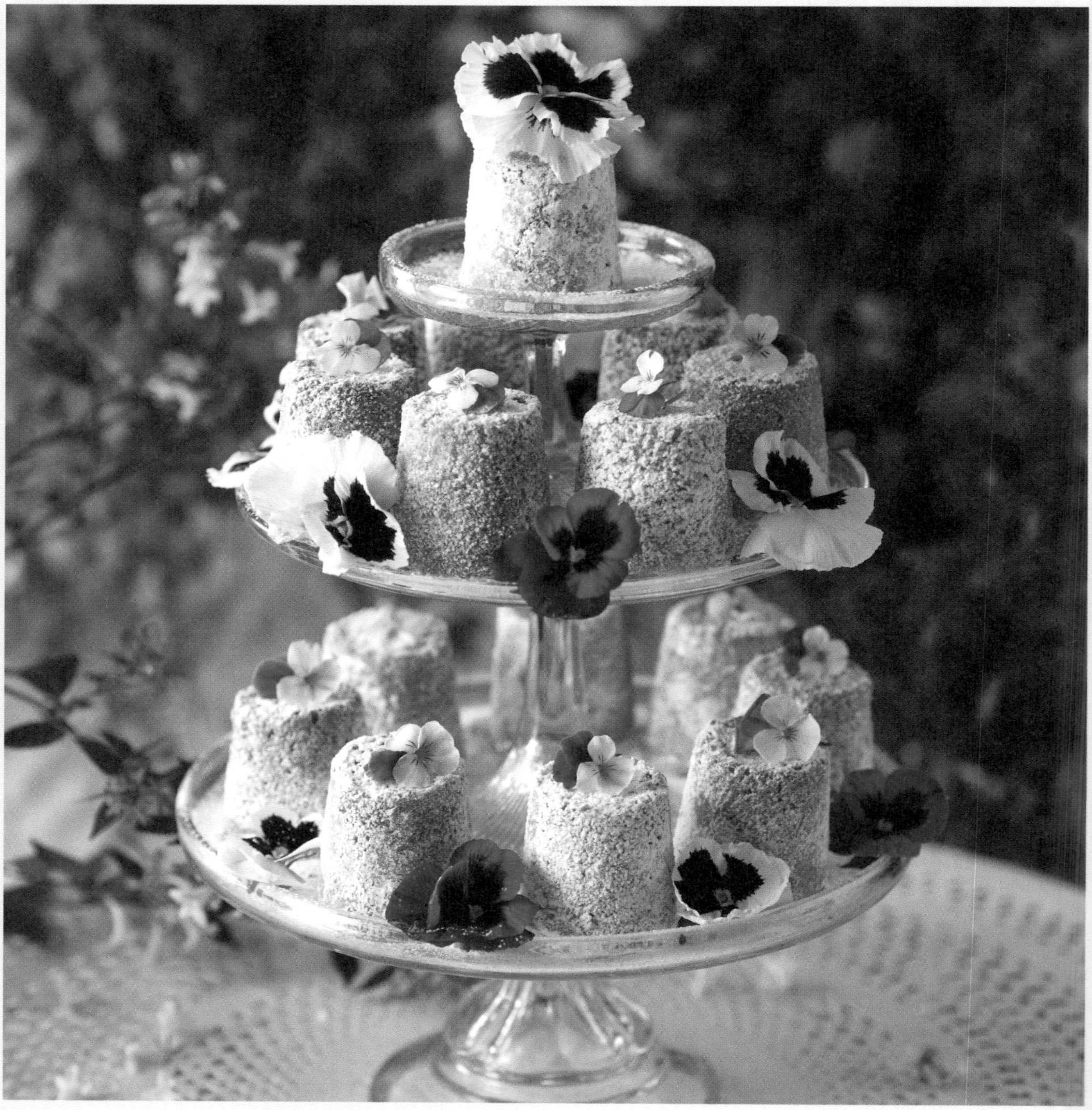

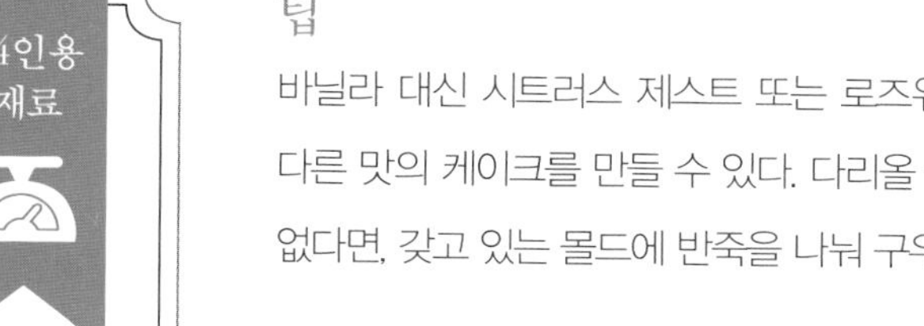

바닐라빈 파우더 1작은술 또는 퓨어 바닐라 익스트랙트 2작은술

달걀 6개 테이크 반죽 ▶13페이지 참고

슈거파우더 장식용

식용꽃 또는 설탕 코팅한 꽃잎

버터 바른 다리올 몰드• 24개 (베이킹팬에 담아 준비)

•작은 실린더 모양의 틀

짤주머니와 큰 원형 깍지(선택)

오븐

180℃(350℉)로 예열한다.

만들기

1 케이크 반죽에 바닐라를 넣고 잘 섞는다. 반죽을 짤주머니에 담아 몰드 안에 짠다. 짤주머니를 이용하는 것이 편리하지만, 작은 숟가락으로 담아도 된다.

2 예열한 오븐에 넣어 갈색 빛이 날 때까지 20~30분간 굽는다. 잘 구워진 케이크는 손가락으로 눌렀을 때 쉽게 꺼지지 않고 서서히 제 모습으로 돌아온다. 오븐에서 꺼낸 상태로 살짝 식힌 뒤, 칼로 몰드 주변을 두른다. 케이크를 꺼내 식힘망에 올려 완전히 식힌다.

3 슈거파우더를 윗면과 옆면에 충분히 뿌린 후, 식용꽃을 얹어 장식한다. 꽃의 줄기나 꽃의 안쪽 부분은 매우 쓰므로 먹지 않고, 반드시 장식 목적으로만 사용한다. 또는 설탕 코팅한 꽃잎을 대신 사용해도 된다. 안정성이 확인되지 않은 꽃은 절대 먹지 않도록 한다.

보관하기

이 케이크는 밀폐용기에 담아 2일간 보관 가능하다.

팁

바닐라 대신 시트러스 제스트 또는 로즈워터를 넣으면 색다른 맛의 케이크를 만들 수 있다. 다리올 몰드가 24개까지 없다면, 갖고 있는 몰드에 반죽을 나눠 구우면 된다.

MACARON CAKE

마카롱 케이크

신선한 베리를 듬뿍 얹고, 마카롱으로 장식한 이 케이크는
프랑스 제과점에 놓여 있어도 손색없을 정도로 아름답습니다.

달걀 6개 케이크 반죽 ▶13페이지 참고

분홍색 식용색소 페이스트

마카롱

아몬드가루 130g

슈거파우더 180g

달걀흰자 3개

캐스터슈거 80

분홍색 식용색소 페이스트

필링

클로티드 크림 450g 또는 단단하게 거품 낸 생크림 600ml

꼭지 제거하고 슬라이스한 딸기 300g

딸기 잼 2큰술, 라즈베리 잼 2큰술

라즈베리 300g

슈거파우더 장식용

민트 또는 월계수잎 같은 신선한 잎

짤주머니와 큰 원형 깍지

실리콘 매트를 깐 베이킹팬 2개

버터를 바르고 유산지를 깐 20cm 원형 케이크팬 3개

준비하기 : 마카롱 만들기

1 아몬드가루, 슈거파우더를 푸드 프로세서에 넣어 곱게 갈아준다. 체에 걸러 볼에 담고, 체에 남아 있는 가루는 한 번 더 푸드 프로세서에 곱게 갈아, 체에 거른다.

2 믹싱볼에 달걀흰자를 단단한 거품이 될 때까지 거품기로 젓는다. 설탕을 한 숟가락씩 넣어가며 계속 저어 머랭을 만든다. 식용색소, 아몬드가루와 슈거파우더를 ⅓씩 넣어가며 스패츌러로 잘 섞는다. 골고루 잘 섞어 고른 색이 나도록 한다. 중요한 것은 마카롱에 적합한 머랭의 농도이다. 접시에 머랭을 소량 떨어뜨렸을 때 표면이 매끄럽게 퍼져야 한다. 머랭이 퍼지지 않고 뾰족하게 봉우리 모양을 하고 있다면, 좀 더 저어서 부드럽게 만들어 준다. 너무 많이 저으면 머랭이 묽어져 예쁜 마카롱 모양을 만들 수 없다.

3 짤주머니에 머랭을 담는다. 준비된 팬 위에 일정한 간격을 유지하며 3cm 원형 모양으로 짠다. 겉 표면이 마를 때까지 1시간 동안 그대로 둔다.

4 오븐을 160℃(325℉)로 예열한다. 마카롱이 단단해질 때까지 20~30분간 구운 후 완전히 식힌다.

오븐

오븐의 온도를 180℃(350℉)로 조절한다.

만들기

1 케이크 반죽의 ⅓을 케이크팬에 담는다. 남은 반죽은 2개의 볼에 나눠 담아 각각 연한 분홍색, 진한 분홍색 반죽으로 만든다. 2개의 반죽도 케이크팬에 각각 담는다.

2 3개의 반죽을 예열한 오븐에 넣어 25~30분간 굽는다. 오븐에서 꺼낸 상태로 살짝 식힌 뒤, 팬에서 케이크를 분리해 식힘망 위에 올려 완벽하게 식힌다.

3 색이 있는 케이크는 옆면을 다듬는다. 진한 분홍색 케이크를 케이크 스탠드에 얹고 클로티드 크림을 두껍게 바른다. 그다음 딸기를 얹고, 딸기 잼을 바른다. 연한 분홍색 케이크를 그 위에 얹고, 크림, 라즈베리, 라즈베리 잼을 순서대로 올린다. 플레인 케이크를 얹고 슈거파우더를 뿌린다.

4 마카롱에 필링을 조금씩 바르고 붙여 8~10개 정도 만든다. 남은 마카롱은 밀폐용기에 담아 두었다가 먹어도 된다. 마카롱과 라즈베리, 잎으로 케이크를 장식한다.

보관하기

바로 제공하거나 제공 전까지 냉장 보관한다. 당일 먹는 것이 좋으며, 냉장고에서 2일간 보관 가능하다.

FLOWER GARDEN CAKE

플라워 가든 케이크

빅토리아 시대의 애프터눈 티와 함께 제공했을 것 같은 고전적인 분위기의 케이크입니다. 간단하게 만들 수 있는 멋진 케이크 중 하나죠.. 제비꽃, 앵초, 버베나 꽃과 잎, 팬지, 민트 등 식용꽃이면 어떤 꽃과도 잘 어울립니다.

1개 분량의 오렌지 제스트와 오렌지즙
달걀 5개 케이크 반죽 ▶13페이지 참고
클로티드 크림 225g 또는 단단하게
거품 낸 생크림 300ml
블랙 커런트 잼 2큰술
슈거파우더 장식용
녹인 화이트초콜릿 40g

설탕 코팅 꽃
달걀흰자 1개
식용으로 쓸 수 있는 무농약 팬지, 비올라, 레몬 버베나 꽃(민트, 레몬 버베나 잎같은 식용 가능한 잎을 사용도 무방함)
캐스터슈거

붓
실리콘 매트나 유산지를 깐 팬
버터를 바르고 유산지를 깐 20cm 원형 케이크팬 2개

준비하기 : 설탕 코팅한 꽃 만들기

1 꽃잎을 하루 동안 말린다.
2 달걀흰자를 하얗게 거품이 일어날 때까지 거품기로 젓는다. 붓으로 달걀흰자를 장미꽃잎의 앞뒷면을 바르고, 그 위에 설탕을 뿌린다. 설탕은 손으로 꽃잎 바로 위에서 뿌리는 것이 좋으며, 접시 위에 놓고 하면 나중에 정리하기가 편하다.
3 남은 꽃잎에 모두 설탕을 입힌 후에, 팬에 올려 따뜻하고 건조한 곳에 하루 놓아둔다. 마르면 밀폐용기에 담아 보관한다.

오븐

180℃(350℉)로 예열한다.

만들기

1 오렌지 제스트와 오렌지즙을 케이크 반죽에 넣고 잘 섞은 후, 준비한 2개의 팬에 같은 양으로 나눠 담는다.
2 예열한 오븐에 넣어 갈색 빛이 날 때까지 25~30분간 굽는다. 잘 구워진 케이크는 손가락으로 눌렀을 때 쉽게 꺼지지 않고 서서히 제 모습으로 돌아온다. 또 케이크 가운데를 칼로 살짝 찔러보았을 때 반죽이 묻어 나오지 않는다. 오븐에서 꺼낸 상태로 살짝 식힌 뒤, 팬에서 케이크를 분리해 식힘망 위에 올려 완벽하게 식힌다.
3 케이크 스탠드에 케이크 하나를 얹는다. 클로티드 크림을 바르고, 그 위에 잼을 얹는다. 나이프로 조심스럽게 잼을 펴 바른다. 두 번째 케이크를 그 위에 얹고 슈거파우더를 듬뿍 뿌린다. 설탕 코팅한 꽃을 케이크 위에 고정시키고, 녹인 화이트초콜릿을 무늬를 만들어가면서 뿌린다.

보관하기

바로 제공하거나, 제공 전까지 냉장고에 보관한다. 크림 케이크이니 만든 당일 먹는 것이 좋으며, 냉장고에서 2일간 보관 가능하다.

ROSE AND VIOLET CAKE

장미 & 바이올렛 케이크

장미 스펀지케이크에 제비꽃 초콜릿 토핑을 얹은 것으로, 분홍색 케이크와 보라색 꽃의 조합이 멋진 케이크입니다.
맛이 진하므로 적은 양으로 제공하는 것이 좋습니다.

로즈워터 1큰술

달걀 4개 케이크 반죽 ▶13페이지 참고

설탕 코팅된 장미와 제비꽃

제비꽃 가나슈

달걀 2개

생크림 375ml

우유 125ml

다크초콜릿(카카오 함량 70% 이상)

바이올렛 리큐어 60ml

버터를 바르고 유산지를 깐 23cm 바닥 분리형 케이크팬

유산지를 깐 20cm 원형 케이크팬 2개

오븐

180℃(350℉)로 예열한다.

만들기

1 케이크 반죽에 로즈워터를 넣어 섞은 후, 준비한 케이크 팬에 담는다.

2 예열한 오븐에 넣어 갈색 빛이 날 때까지 25~30분간 굽는다. 잘 구워진 케이크는 손가락으로 눌렀을 때 쉽게 꺼지지 않고 서서히 제 모습으로 돌아온다. 또 케이크 가운데를 칼로 살짝 찔러보았을 때 반죽이 묻어 나오지 않는다. 오븐에서 꺼낸 상태로 식힌다.

3 달걀, 생크림, 우유를 거품기로 젓는다. 소스팬에 잘게 부순 초콜릿, 생크림 믹스, 바이올렛 리큐어를 넣고, 약불에서 4~5분간 저어준다. 초콜릿이 녹아 걸쭉하고 윤기가 나면 케이크에 부은 후, 냉장고에 하룻밤 동안 두어 제비꽃 가나슈를 굳힌다. 케이크팬에 틈이 있다면, 포일로 케이크팬의 바닥과 옆면을 감싸서 가나슈가 새어 나오지 않도록 한다.

4 제공하기 전, 케이크팬의 테두리를 날카로운 칼로 한번 두른 후, 팬에서 케이크를 꺼내어 옆면을 정리한다. 케이크 스탠드에 올리고, 설탕 코팅된 장미와 제비꽃잎을 뿌려 장식한다. 케이크의 가운데에 제비꽃잎과 설탕 코팅된 장미로 무늬를 만들어도 좋다.

보관하기

이 케이크는 냉장고에서 3일간 보관 가능하며 꽃 장식은 제공 바로 전에 얹는다.

SUMMER FLOWER RING CAKE

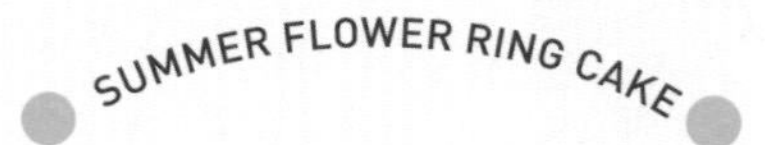

서머 플라워 링 케이크

무늬가 있는 케이크팬을 잘 쓰는 것만으로도
멋진 네이키드 케이크를 만들 수 있습니다.

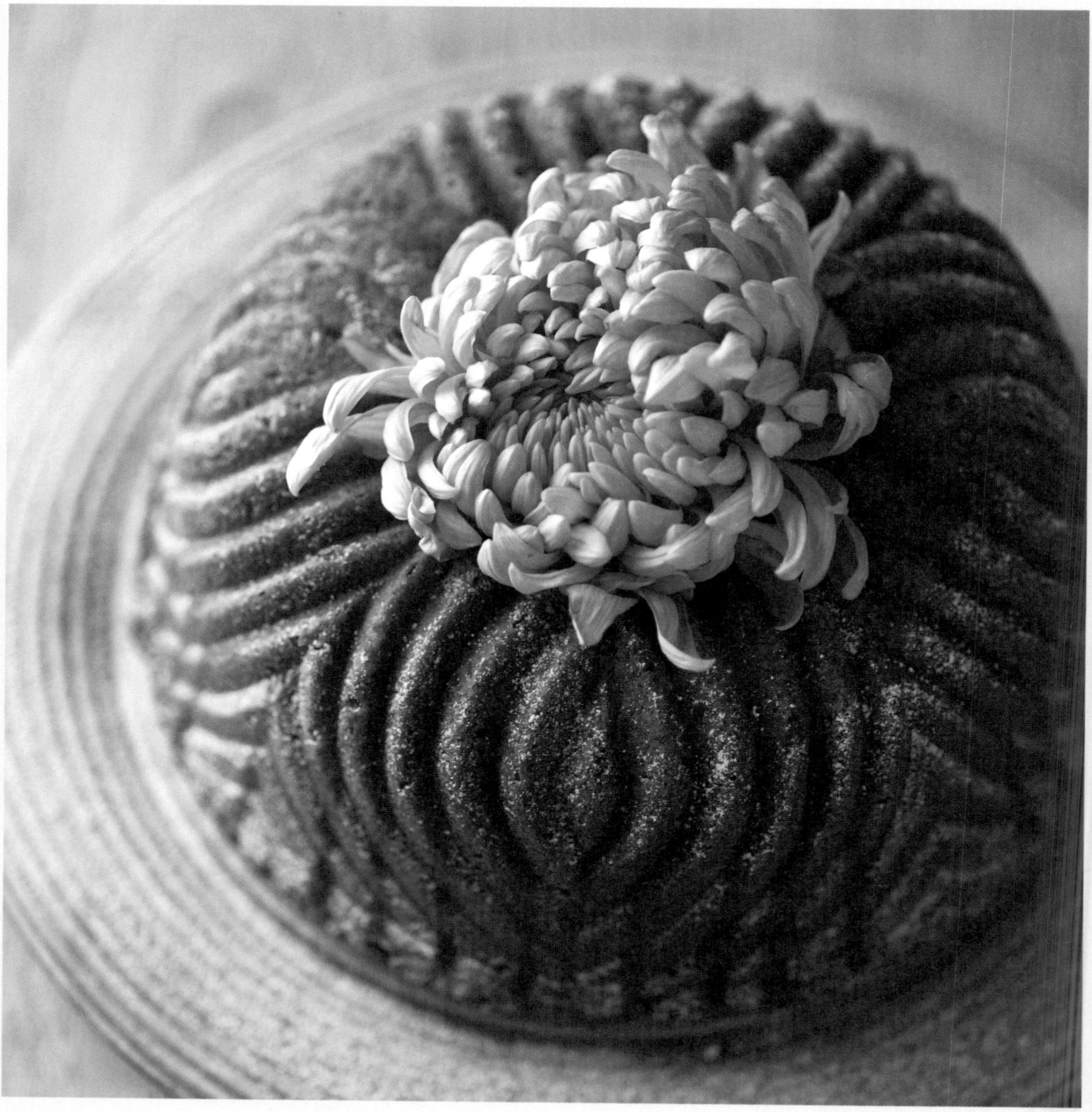

10인용 재료

레몬 커드 수북한 1큰술

레몬 제스트(2개 분량)

달걀 5개 케이크 반죽 ▶13페이지 참고

레몬즙(2개 분량)

슈거파우더 2큰술

장식

슈거파우더 장식용

국화 등의 식용으로 쓸 수 있는 무농약 꽃, 장식용

버터를 바른 25cm 번트팬

오븐

180℃(350℉)로 예열한다.

만들기

1 레몬커드와 제스트를 케이크 반죽에 넣고 스패츌러로 잘 섞은 후, 준비한 번트팬에 담는다.

2 예열한 오븐에 넣어 40~50분간 굽는다. 잘 구워진 케이크는 손가락으로 눌렀을 때 쉽게 꺼지지 않고 서서히 제 모습으로 돌아온다. 또 케이크 가운데를 칼로 살짝 찔러보았을 때 반죽이 묻어 나오지 않는다. 팬에서 분리하지 않은 채로 완전히 식힌다. 분리하기 쉽도록 케이크 가장자리를 조심스럽게 칼로 둘러준다. 제공하고자 하는 접시를 번트팬 위에 올리고, 단단히 잡고 뒤집어 접시 위에 케이크를 올린다.

3 소스팬에 레몬즙과 슈거파우더를 넣고, 약한 불에서 설탕을 녹여 레몬 시럽을 만든다. 케이크 위에 레몬 시럽을 뿌린다.

4 슈거파우더를 케이크 위에 뿌리고, 꽃으로 장식한다. 가급적 꽃은 장식용으로만 사용하고, 케이크를 자르기 전에 반드시 제거하도록 한다. 특히 안정성이 확인되지 않은 꽃은 절대 먹지 않도록 한다.

보관하기

이 케이크는 밀폐용기에 담아 3일간 보관 가능하다.

팁

슈거파우더를 뿌리면 케이크 무늬를 더 돋보이게 만들 수 있다.

LIME CHARLOTTE CAKE

라임 샬럿 케이크

전통적인 샬럿 케이크는 리본으로 묶고 먹음직스러운 베리를 얹은 예쁜 디저트입니다.
라임 스펀지케이크 위에 짜릿한 맛의 라임 무스를 얹고 과즙이 풍부한 잘 익은 베리를 높게 올려 장식합니다.

8인용
재료

라임 제스트(2개 분량)
달걀 2개 케이크 반죽 ▶13페이지 참고
스펀지 핑거 비스킷(레이디 핑거 쿠키) 200g
딸기 300g
슈거파우더 장식용

필링
라임즙(3개 분량)
라임 제스트(1개 분량)
크림치즈 300g
연유 200g

버터를 바르고 유산지를 깐 16cm 바닥 분리형 케이크팬
리본

오븐
180℃(350℉)로 예열한다.

만들기
1 라임 제스트를 케이크 반죽에 넣고 잘 섞은 후, 준비한 케이크팬에 담는다.
2 예열한 오븐에 넣어 갈색 빛이 날 때까지 20~30분간 굽는다. 잘 구워진 케이크는 손가락으로 눌렀을 때 쉽게 꺼지지 않고 서서히 제 모습으로 돌아온다. 또 케이크 가운데를 칼로 살짝 찔러보았을 때 반죽이 묻어 나오지 않는다. 팬에서 분리하지 않은 채로 식힌다.
3 라임즙, 제스트, 크림치즈, 연유를 믹싱볼에 넣고 걸쭉한 크림 상태가 될 때까지 거품기로 저어 필링을 만든다. 식힌 케이크 위에 필링을 얹고 냉장고에 넣어 최소 3시간 이상 굳힌다. 가급적이면 하루 정도 냉장고에 넣어 굳히는 것이 좋다.
4 제공하기 전에 칼로 케이크의 둘레를 둘러준 뒤, 케이크를 팬에서 분리한다. 케이크팬의 바닥 부분과 유산지를 떼고, 케이크 스탠드에 올린다. 레이디 핑거를 케이크 옆면에 조심스럽게 눌러 붙인다. 무스 부분에 붙어 잘 떨어지지 않을 것이다. 케이크 옆면에 레이디 핑거를 모두 붙인 후, 리본을 묶어 고정시킨다.
5 장식용 딸기 몇 개를 남겨두고 딸기 꼭지를 제거한다. 완성된 케이크 위에 딸기를 얹고, 장식용으로 남겨 둔 딸기의 초록색 꼭지가 잘 보이도록 장식한다. 슈거파우더를 뿌려 제공한다.

보관하기
냉장고에서 3일간 보관 가능하다. 시간이 지날수록 레이디 핑거가 눅눅해질 수 있으니, 먹기 바로 직전에 만드는 것이 좋다.

MINI VICTORIA LAYER CAKES

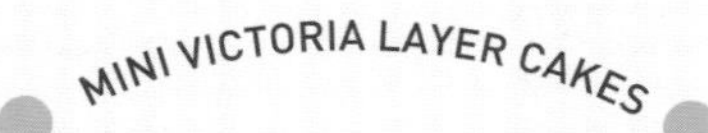

미니 빅토리아 레이어 케이크

크림과 잼을 바르고 우아한 장미 봉오리를 얹은 클래식한 스타일의 미니 케이크입니다.
필자를 비롯해 이 케이크를 싫어하는 사람을 지금까지 만나보지 못했을 정도로 매력적입니다.

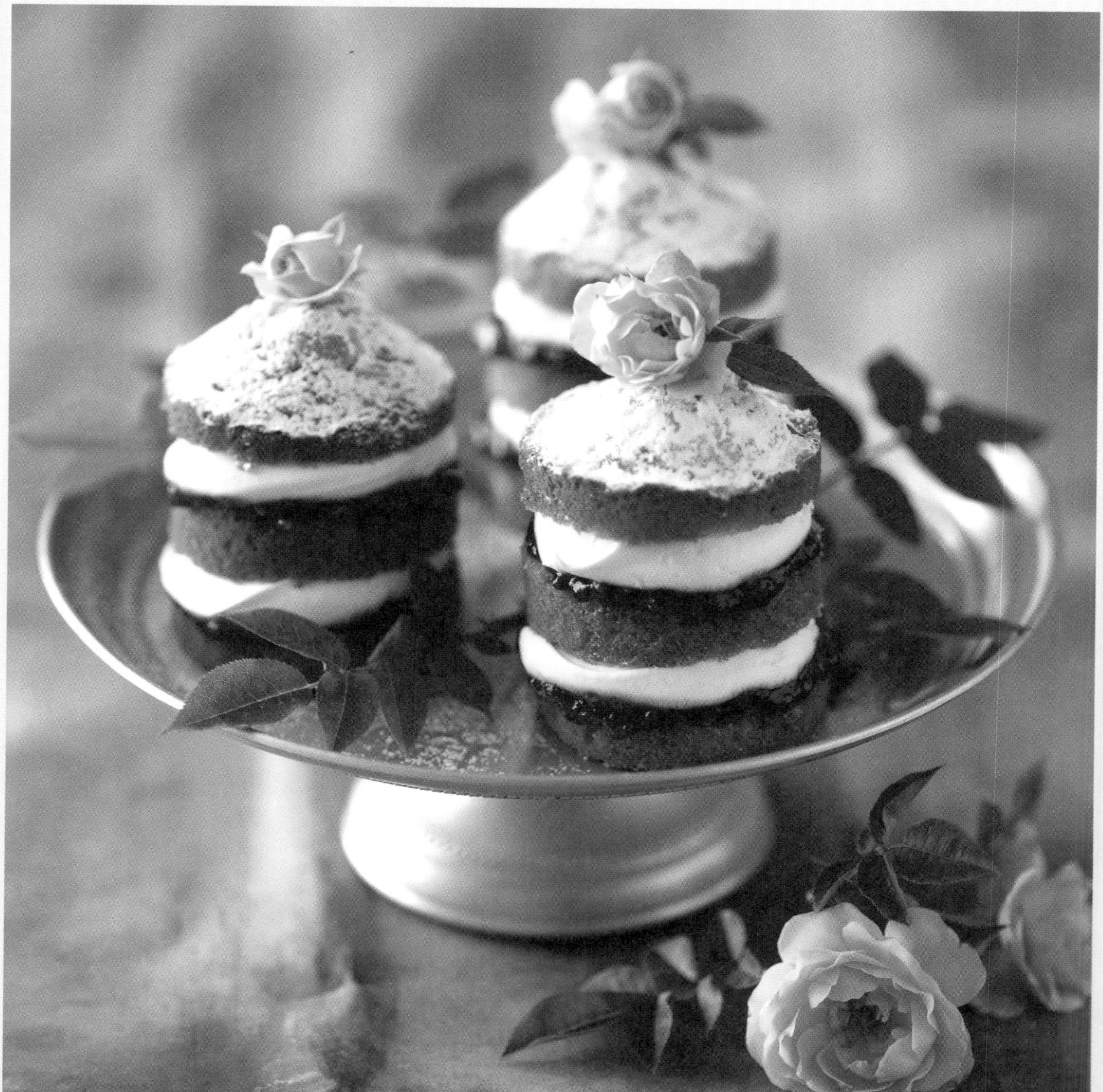

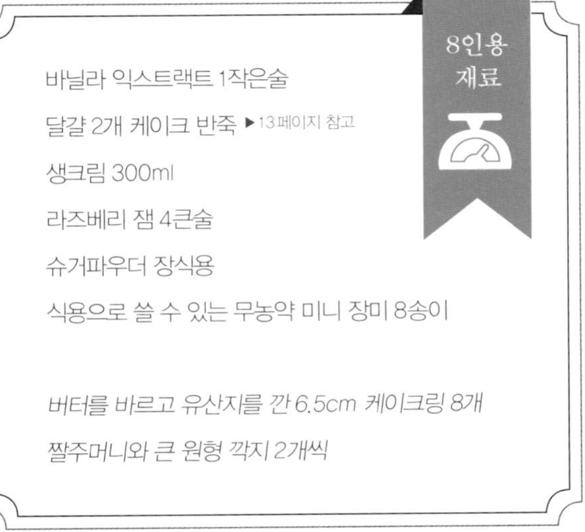

8인용
재료

바닐라 익스트랙트 1작은술
달걀 2개 케이크 반죽 ▶13페이지 참고
생크림 300ml
라즈베리 잼 4큰술
슈거파우더 장식용
식용으로 쓸 수 있는 무농약 미니 장미 8송이

버터를 바르고 유산지를 깐 6.5cm 케이크링 8개
짤주머니와 큰 원형 깍지 2개씩

오븐

180℃(350℉)로 예열한다.

만들기

1 바닐라를 케이크 반죽에 넣고 섞은 후, 준비한 케이크링에 같은 양으로 나눠 담는다. 이때 반죽은 숟가락으로 담을 수도 있지만, 짤주머니를 이용하면 좀 더 깔끔하게 담기 좋다.

2 예열한 오븐에 넣어 갈색 빛이 날 때까지 15~20분간 굽는다. 잘 구워진 케이크는 손가락으로 눌렀을 때 쉽게 꺼지지 않고 서서히 제 모습으로 돌아온다. 오븐에서 꺼낸 상태로 살짝 식힌다. 칼로 케이크 가장자리를 둘러준 후, 팬에서 케이크를 분리해 식힘망 위에 올려 완벽하게 식힌다.

3 제공하기 전, 생크림을 거품기로 저어 단단한 거품을 만든다. 원형 깍지를 낀 짤주머니에 생크림을 담는다. 긴 빵칼을 이용하여 케이크를 가로로 3등분하여 자른다. 자른 케이크의 제일 아랫부분 위에는 잼을 바르고, 그 위에 생크림을 짠다. 케이크의 중간 부분에는 좀 더 많은 양의 잼과 생크림을 얹는다.

4 가장 윗부분의 케이크 위에 슈거파우더를 뿌린 후, 장미를 고정할 수 있도록 가운데에 생크림을 소량 짠다. 꽃은 장식용으로만 사용하고, 케이크를 자르기 전에 반드시 제거하도록 한다. 특히 안정성이 확인되지 않은 꽃은 절대 먹지 않도록 한다.

보관하기

바로 먹거나 냉장 보관한다. 크림 케이크이니 만든 당일 먹는 것이 좋으며, 냉장고에서 2일간 보관 가능하다.

팁

생크림보다 버터 크림을 좋아한다면 버터 크림으로 대체해도 좋다. 가볍고 담백한 맛을 원한다면 생크림을 추천한다.

ORCHARD HARVEST SPONGE CAKE

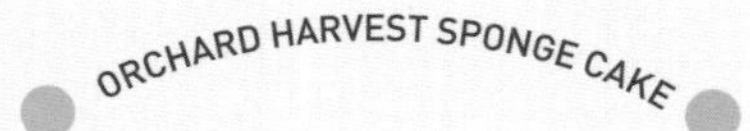

오차드 하베스트 스펀지케이크

바로 수확한 과일을 떠올리게 하는 매우 간단한 생과일 크림 케이크입니다.
펄슈거를 층마다 넣어 바삭하게 씹히는 식감을 더했습니다.

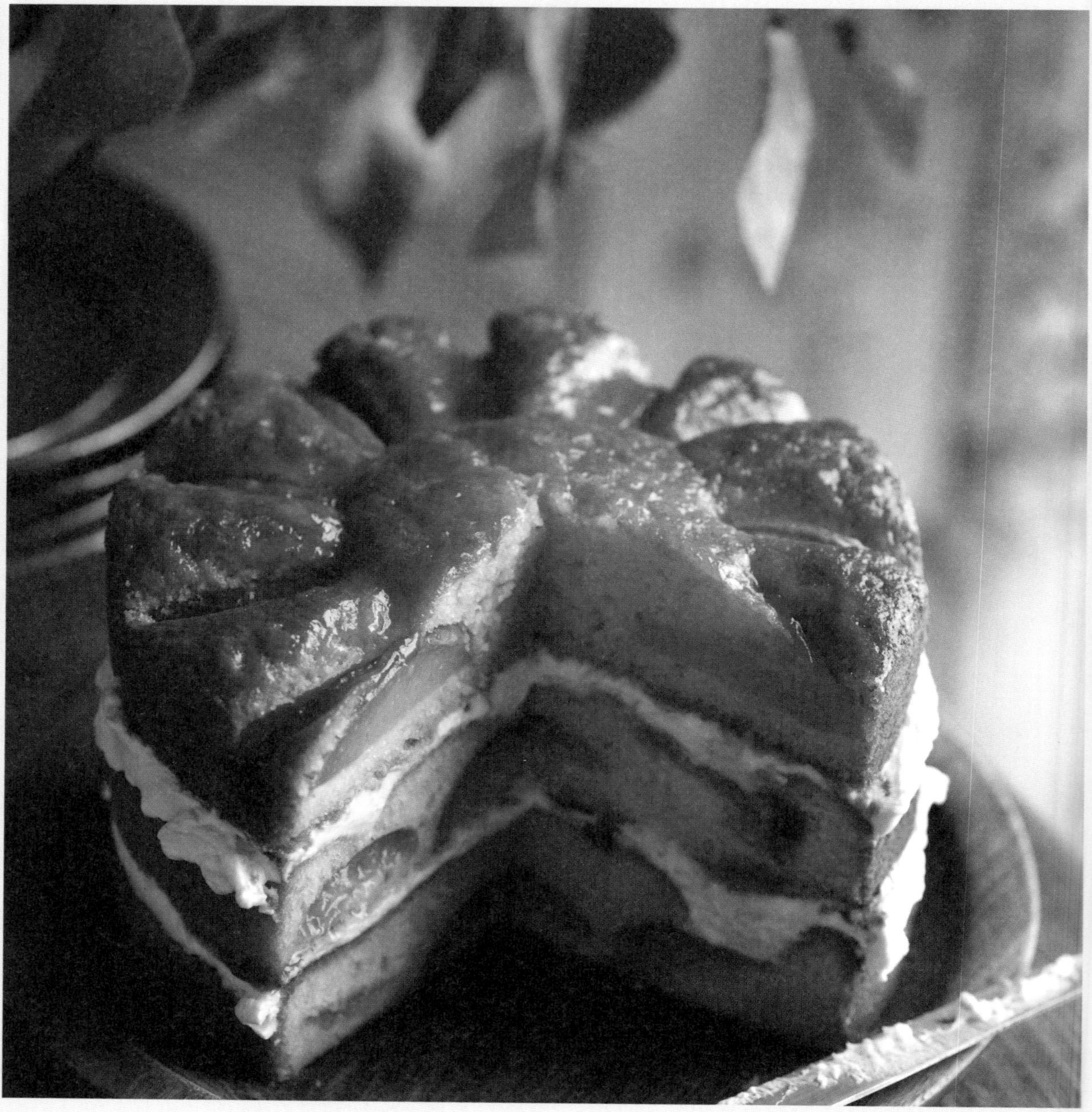

12인용 재료

바닐라 소금 약간 또는 천일염과 바닐라 익스트랙트 1작은술
달걀 6개 케이크 반죽 ▶13페이지 참고
살구 4개
자두 5개
서양배 2개
펄슈거 2큰술

필링

살구 컨서브• 또는 잼 4큰술

•과일과 땅콩 그리고 설탕을 함께 넣어 걸쭉할 때까지 요리한 것

생크림 300ml
자두 잼 또는 마른 자두 잼 2큰술

버터를 바르고 유산지를 깐 20cm 원형 케이크팬 3개

오븐

180℃(350℉)로 예열한다.

만들기

1 바닐라 소금을 케이크 반죽에 넣고 잘 섞은 뒤, 준비한 3개의 케이크팬에 같은 양으로 나눠 담는다.

2 살구와 자두를 반으로 자르고 씨를 제거한다. 3개의 반죽 중 하나에는 살구의 자른 면이 아래로 향하도록 얹고, 다른 반죽 위에는 자두를 같은 방법으로 얹는다.

3 복숭아의 씨를 제거하고 두툼하게 자른다. 남은 마지막 케이크 반죽 위에 자른 복숭아를 원형 모양을 만들어가며 놓는다.

4 펄슈거를 3개의 반죽 위에 뿌린다.

5 예열한 오븐에 3개의 반죽을 넣어 갈색 빛이 날 때까지 30~40분 동안 굽는다. 잘 구워진 케이크는 손가락으로 눌렀을 때 쉽게 꺼지지 않고 서서히 제 모습으로 돌아오며, 케이크 속의 과일은 부드러워야 한다. 케이크가 따뜻할 때에는 과일 때문에 부서지기 쉬우므로 팬에서 충분히 식힌 후에 분리한다.

6 제공하기 전, 소스팬에 살구 컨서브 2큰술을 넣고 데운다. 생크림은 거품기로 저어 단단한 거품을 만든다.

7 제일 예쁘게 구워진 케이크를 하나 골라둔다. 다른 케이크 중의 하나를 케이크 스탠드에 올리고, 따뜻하게 데운 살구 컨서브를 붓으로 윤기 나게 바른다. 생크림의 반을 그 위에 얹고 잘 펴준다. 숟가락으로 자두 잼을 크림 위에 얹는다. 두 번째 케이크를 그 위에 올리고, 따뜻한 살구 컨서브를 붓으로 바른다. 남은 생크림과 데우지 않은 살구 컨서브를 순서대로 얹는다. 마지막 케이크를 올리고, 따뜻한 컨서브를 바른다.

보관하기

바로 먹거나 냉장고에 보관한다. 크림 케이크이니 만든 당일 먹는 것이 좋으며, 냉장고에서 2일간 보관 가능하다.

팁

어떤 과일이어도 상관없으나 맛있게 잘 익은 과일을 사용해야 한다. 주로 살구, 복숭아, 자두로 만들지만 사과, 서양배, 체리와도 잘 어울린다.

올드 러스틱 스타일 케이크

PART 4

SPICED PEAR CAKE

스파이스 페어 케이크

부드럽게 졸인 배의 속을 계피 초콜릿으로 채운 향긋한 풍미의 케이크로, 쉽게 만들 수 있습니다.
토피 소스를 뿌린 배는 케이크를 계속 먹고 싶게 만들며, 장식 효과도 훌륭합니다.

10인용 재료

계핏가루 1작은술

생강가루 1작은술

애플파이 스파이스 1작은술

바닐라빈 파우더 또는 퓨어 바닐라 익스트랙트 ½작은술

너트메그 가루 ½작은술

달걀 5개 케이크 반죽 ▶13페이지 참고

다크계피초콜릿 또는 다크초콜릿 9조각

배 조림

잘 익은 작은 크기의 서양배 9개

꿀 2큰술

마데이라 와인 또는 스위트 쉐리 80ml

1개 분량의 레몬즙

캐러멜 글레이즈

캐스터슈거 100g

버터 50g

생크림 200ml

버터를 바르고 유산지를 깐 25cm 사각 케이크팬

멜론 볼러 •둥글거나 달걀모양의 멜론 조각을 자르는 데 사용하는 작은 그릇 모양의 기구

준비하기

1 배의 껍질을 깎는다. 배 껍질 장식을 추가하고 싶다면 남겨둔다.

2 소스팬에 껍질을 깎은 배, 꿀, 마데이라 와인, 레몬즙을 넣고, 배가 잠길 때까지 물을 넣는다. 중간 불에서 15~20분간 배가 부드러워지도록 끓인다.

3 배를 건져내어 차가운 물에 담가 열기를 뺀다. 배의 아랫부분 쪽으로 멜론 볼러로 넣어서 씨를 제거한다. 배의 꼭지 부분은 손상되지 않도록 주의한다.

오븐

180℃(350℉)로 예열한다.

만들기

1 계피, 생강, 애플파이 스파이스, 바닐라, 너트메그를 케이크 반죽에 넣고 잘 섞어 준비된 케이크팬에 담는다. 배의 씨를 뺀 부분에 초콜릿 조각을 하나씩 넣은 후, 일정한 간격으로 케이크 반죽에 꽂는다. 예열한 오븐에 30분 동안 굽는다.

2 오븐의 온도를 150℃(300℉)으로 낮추고, 30~45분간 굽는다. 잘 구워진 케이크는 손가락으로 눌렀을 때 쉽게 꺼지지 않고 서서히 제 모습으로 돌아온다. 또 케이크 가운데를 칼로 살짝 찔러보았을 때 반죽이 묻어 나오지 않는다. 오븐에서 꺼낸 상태로 완전히 식힌다.

3 설탕, 버터를 소스팬에 넣고 약불에서 녹인다. 설탕이 녹기 시작하여 색이 변하기 시작하면 불을 끄고 생크림을 넣고 거품기로 저어준다. 생크림을 넣을 때 튈 수 있으므로 조심스럽게 넣는다. 다시 불을 켜고 캐러멜 색이 날 때까지 저어 캐러멜 글레이즈를 완성한다.

4 케이크 스탠드에 케이크를 올리고, 캐러멜 글레이즈를 붓으로 윤기 나게 바른다. 케이크 제공 시, 캐러멜 글레이즈를 따로 담아 제공해도 좋다.

보관하기

이 케이크는 밀폐용기에 담아 3일간 보관 가능하다.

바나나 브라질너트 캐러멜 케이크

바나나를 좋아한다면 이 미니 케이크는 특별할 것입니다. 바나나 퓌레와 브라질너트를 넣어 만든 진한 케이크 위에 캐러멜을 입힌 브라질너트와 끈적한 토피 소스를 얹어서 천국 같은 맛을 느낄 수 있습니다.

9인용
재료

잘 익은 바나나 1개
라임즙(1개 분량)
흑설탕 115g
부드러운 버터 115g
달걀 2개
체 친 셀프 라이징 밀가루 115g
브라질너트 간 것 80g
소금 약간

캐러멜 아이싱

버터 50g
생크림 75g
체 친 슈거파우더 60g

장식

캐스터슈거 100g
브라질너트 6개

버터를 바른 미니 브리오슈 몰드 6개(팬 위에 올려 둔다)
실리콘 매트 또는 유산지

오븐

180℃(350℉)로 예열한다.

만들기

1 바나나에 라임즙을 넣고 포크로 으깨 퓌레를 만든다. 믹싱볼에 바나나 퓌레, 흑설탕, 버터를 넣고, 거품기로 저어 크림 상태로 만든다. 달걀을 한 번에 하나씩 넣으면서 저어준다. 밀가루, 간 브라질너트, 소금을 넣고, 스패출러로 잘 섞는다.

2 브리오슈 몰드에 같은 양으로 나눠 담고, 예열한 오븐에 넣어 갈색 빛이 날 때까지 15~20분간 굽는다. 잘 구워진 케이크는 손가락으로 눌렀을 때 쉽게 꺼지지 않고 서서히 제 모습으로 돌아온다. 오븐에서 꺼낸 상태로 살짝 식힌 뒤, 분리하기 쉽도록 케이크 가장자리를 조심스럽게 칼로 둘러준다.

3 소스팬에 설탕을 넣고 약불에 녹인다. 녹이는 동안 젓지 않고 팬을 빙빙 돌려준다. 타지 않도록 잘 지켜본다. 설탕이 다 녹으면 집게로 브라질너트를 담근다. 이때 설탕이 매우 뜨거우므로 조심한다. 코팅된 브라질너트를 실리콘 매트나 유산지 위에 올려 굳힌다.

4 남은 캐러멜 소스에 버터를 넣고 녹인다. 그다음 생크림을 넣고, 덩어리가 생기지 않도록 거품기로 저어 매끄러운 캐러멜 소스를 만든다. 덩어리가 있다면 체에 거른다. 식힘망에 케이크를 올리고, 아이싱을 뿌린다. 이때 식힘망 아래에 포일을 깔면 정리가 편리하다. 케이크 하나에 브라질너트를 하나씩 얹는다.

보관하기

밀폐용기에 담아 3일 동안 보관 가능하며, 만든 당일에 먹는 것이 가장 좋다.

CHARLOTTE ROYALE

샬럿 로열

스펀지 자체로 장식 효과가 뛰어난 케이크입니다.
무스와 케이크 양은 사용하고자 하는 팬이나 볼의 사이즈에 맞게 준비합니다.

20인용 재료

달걀 8개
캐스터슈거 230g
장식용 별도
바닐라 소금 약간 또는 천일염과 바닐라 익스트랙트 1작은술
체 친 셀프 라이징 밀가루 230g
딸기 잼 또는 살구 잼 8큰술

딸기 무스
딸기 600g
캐스터슈거 200g
바닐라빈 1개(반으로 가르고 씨를 긁는다)
젤라틴 가루 2큰술
생크림 1리터

버터를 바르고 유산지를 깐 40×28cm 롤케이크팬 2개
버터를 바르고 유산지를 깐 26cm 케이크팬 또는 10cm 깊이의 볼
짤주머니와 별 모양 깍지

오븐

200℃(400℉)로 예열한다.

만들기

1 믹싱볼에 달걀과 설탕을 넣고 거품기로 저어 걸쭉한 크림 상태로 만든다. 바닐라 소금과 밀가루를 넣고 스패츌러로 부드럽게 저어준다. 반죽의 공기가 꺼지지 않도록 너무 많이 젓지 않는다. 2개의 롤케이크팬에 나눠 담는다.

2 예열한 오븐에 넣어 10~12분간 굽는다. 잘 구워진 케이크는 갈색 빛이 나고 단단하다.

3 설탕을 뿌린 유산지 위에 분리한 케이크를 올린다. 케이크에 붙어 있던 유산지를 떼어내고 살짝 식힌다. 케이크의 윗면에 잼을 고루 바른다.

4 케이크의 긴 부분을 앞쪽으로 향하게 놓고, 단단하게 말아준다. 설탕을 뿌린 유산지로 감싸 완전히 식힌다. 다 식으면 랩으로 감싸둔다.

5 장식용 딸기는 남겨두고, 나머지는 꼭지를 제거하고 슬라이스 한다. 소스팬에 자른 딸기와 설탕, 바닐라빈, 물 200ml를 넣는다. 딸기가 물러질 때까지 약불에서 5분간 끓인다. 바닐라빈을 건져내고, 숟가락으로 눌러가며 체에 거른다. 체에 남은 딸기는 버린다.

6 남은 따뜻한 딸기 시럽에 젤라틴 가루를 뿌리고, 녹을 때까지 거품기로 저어준다. 녹지 않은 젤라틴이 제거되도록 체에 한 번 더 거른다. 생크림을 거품기로 저어 단단한 거품을 만든 후, 차갑게 식힌 딸기 시럽을 넣어 잘 섞어 딸기 무스를 완성한다.

7 케이크팬 안쪽에 랩으로 세 겹을 깐다. 이렇게 하면, 무스가 새지 않고, 무스가 굳은 후에 랩을 들어 올리면 분리하기 쉽다.

8 롤케이크를 1½~3cm 두께로 자른다. 자른 롤케이크를 케이크팬의 바닥과 옆면에 빈틈없이 놓는다. 롤케이크를 살짝 눌러 틈을 없애거나 롤케이크를 작게 잘라 틈을 메운다.

9 무스를 붓고, 냉장고에 넣어 살짝 굳힌다. 굳은 무스 위에 자른 롤케이크를 빈틈없이 붙인다. 랩으로 윗면을 덮고, 하루 정도 냉장고에 넣어 무스를 완전히 굳힌다.

10 위에 덮은 랩을 제거한다. 제공하고자 하는 접시를 케이크팬 위에 얹고, 케이크팬과 접시를 단단히 잡고 뒤집는다. 케이크팬을 분리하고, 랩을 정리한다.

11 딸기를 얹어 바로 먹는다.

PRETTY BIRD CAKE

프리티 버드 케이크

간단한 초콜릿 케이크에 귀여운 새 장식을 하나 꽂는 것만으로도 특별한 케이크가 탄생합니다.
새 장식 대신에 계절에 맞게 러스틱한 느낌 가득한 장식으로 대체해도 좋습니다.

부드러운 버터 225g

캐스터슈거 225g

달걀 4개

체 친 셀프 라이징 밀가루 200g

제과용 코코아파우더 60g

플레인 요거트 2큰술

소금 약간

필링

체 친 슈거파우더 250g

체 친 제과용 코코아파우더 2큰술

부드러운 버터 1큰술

크림치즈 1큰술

우유 약간(필요에 따라)

가나슈 토핑

생크림 100ml

작게 부순 다크초콜릿 100g

버터 1큰술

골든 시럽(옥수수 시럽) 1큰술

버터를 바르고 유산지를 깐 20cm 원형 케이크팬 2개

장식용 새

오븐

180℃(350℉)로 예열한다.

만들기

1 버터와 설탕을 가벼운 크림 상태가 될 때까지 핸드 믹서로 저어준다. 그다음 달걀을 넣고 저어준다. 밀가루, 코코아파우더, 요거트, 소금을 넣고 스패츌러로 잘 섞는다. 반죽을 준비된 케이크팬에 반반 나눠 담는다.

2 예열한 오븐에 넣고 25~30분간 굽는다. 잘 구워진 케이크는 손가락으로 눌렀을 때 쉽게 꺼지지 않고 서서히 제 모습으로 돌아온다. 또 케이크 가운데를 칼로 살짝 찔러보았을 때 반죽이 묻어 나오지 않는다. 오븐에서 꺼낸 상태로 살짝 식힌 뒤, 팬에서 케이크를 분리해 식힘망 위에 올려 완벽하게 식힌다.

3 슈거파우더, 코코아파우더, 버터, 크림치즈를 거품기로 저어 매끈한 걸쭉한 필링을 만든다. 필링이 뻑뻑하다면 우유를 넣어 농도를 조절한다.

4 생크림, 초콜릿, 버터, 시럽을 내열 볼에 담는다. 기포가 올라올 정도의 끓는 물이 있는 냄비 위에 볼이 물에 닿지 않도록 올리고, 초콜릿을 녹인다. 계속 저어가며 부드럽고 윤기 나는 소스를 만든다.

5 구운 케이크 하나를 케이크 스탠드 위에 올리고, 버터크림 필링을 금속 스패츌러로 두껍게 펴 바른다. 두 번째 케이크를 그 위에 올리고 가나슈도 두껍게 펴 바른다.

보관하기

이 케이크는 밀폐용기에 담아 2일 동안 보관 가능하며, 만든 당일 먹는 것이 가장 좋다.

YOGURT BUNDT CAKE

베리를 얹은 요거트 번트 케이크

바닐라 케이크를 무늬가 있는 번트팬에 구운 다음 슈거파우더를 뿌려 새로운 스타일로 만들었습니다. 케이크 반죽에 요거트를 첨가해 촉촉함을 더한 것이 특징이며, 신선한 베리와 생크림을 곁들여 소박하면서도 맛있습니다.

10인용
재료

그릭 요거트 또는 물기를 뺀 요거트 200g
바닐라빈 파우더 ½작은술 또는 퓨어 바닐라 익스트랙트 1작은술
달걀 5개 케이크 반죽 ▶13 페이지 참고
슈거파우더 장식용
신선한 베리와 과일 제공용
단단한 거품을 낸 생크림 또는 크렘 프레슈 제공용

버터를 바르고 유산지를 깐 25cm 번트팬

오븐

180℃(350℉)로 예열한다.

만들기

1 요거트와 바닐라를 케이크 반죽에 넣고 스패출러로 잘 섞는다. 준비한 번트팬에 반죽을 담는다.

2 예열한 오븐에 넣고 40~50분간 굽는다. 잘 구워진 케이크는 손가락으로 눌렀을 때 쉽게 꺼지지 않고 서서히 제 모습으로 돌아온다. 또 케이크 가운데를 칼로 살짝 찔러보았을 때 반죽이 묻어 나오지 않는다. 오븐에서 꺼낸 상태로 식힌 후, 분리하기 쉽도록 케이크 가장자리를 조심스럽게 칼로 둘러준다. 케이크 스탠드에 뒤집어 놓는다.

3 슈거파우더를 케이크 위에 뿌린다. 케이크의 가운데에는 신선한 베리와 과일을 얹고, 생크림과 함께 담는다.

보관하기

이 케이크는 밀폐용기에 담아 2일간 제공 가능하다. 과일은 먹기 직전에 얹는다.

GLAZED APRICOT CAKE

글레이즈 애프리컷 케이크

잘 익은 제철 살구를 사용하면 최고의 케이크를 만들 수 있습니다.
마데이라를 넣어서 구운 살구로 케이크 속을 채우고, 윤기 나는 살구로 장식하면 진정한 여름을 맛볼 수 있습니다.

바닐라 파우더 ½작은술 또는 퓨어 바닐라 익스트랙드 1작은술
달걀 4개 케이크 반죽 ▶13페이지 참고
살구 잼 1큰술
광택젤(살구 글레이즈) 2큰술
생크림 300ml
그래햄 토마스 장미처럼 식용으로 쓸 수 있는 무농약 장식용 꽃

살구

살구 750g
캐스터슈거 150g
마데이라 와인 250ml
버터 50g

버터를 바르고 유산지를 깐 20cm 원형 케이크팬 2개

준비하기 : 와인에 살구 졸이기

준비한 살구 ½, 1리터의 물, 설탕 100g, 마데이라 와인 125ml를 소스팬에 넣는다. 살구가 부드러워지도록 5분간 약불에서 끓인다. 살구를 건져내어 식힌다.

오븐

180℃(350℉)로 예열한다.

만들기

1 익히지 않은 남은 살구를 반으로 자르고, 씨를 제거한다. 로스팅팬 위에 담고 남은 마데이라 와인과 설탕을 뿌리고, 버터를 작게 여러 개 잘라 넣는다.

2 예열한 오븐에 넣어 약 20분간 구운 후 식힌다. 살구가 부드러워지고, 살구즙이 나와 시럽 형태가 되면 잘 구워진 것이다. 오븐은 빵을 구워야 하므로 계속 둔다.

3 케이크 반죽에 바닐라를 넣어 섞은 후, 준비한 2개의 팬에 나눠 담는다. 갈색 빛이 날 때까지 25~30분간 굽는다. 잘 구워진 케이크는 손가락으로 눌렀을 때 쉽게 꺼지지 않고 서서히 제 모습으로 돌아온다. 또 케이크 가운데를 칼로 살짝 찔러보았을 때 반죽이 묻어 나오지 않는다. 오븐에서 꺼낸 상태로 살짝 식힌 뒤, 팬에서 케이크를 분리해 식힘망 위에 올려 완벽하게 식힌다.

4 제공하기 전, 붓으로 케이크의 윗면에 살구 잼을 발라서 익힌 살구를 얹어도 빵이 축축하게 젖지 않도록 한다. 와인에 졸인 살구를 반으로 자르고, 씨를 제거하여 케이크 위에 예쁘게 장식한다.

5 광택젤에 로스팅팬 위의 살구 시럽 1큰술을 넣어 살구향 젤을 만든다. 케이크 위에 얹은 살구에 뿌려 굳도록 둔다. (살구향 젤 대신 살구 글레이즈를 사용할 경우, 소스팬에 살구 졸인 액체 1큰술과 살구 글레이즈를 넣고 약불에서 데운다. 그리고 붓을 이용해 케이크 위에 얹은 살구에 바른다.)

6 장식용 구운 살구 ⅔를 남겨두고, 나머지 ⅓은 남은 살구 졸인 액체와 함께 푸드 프로세서에 갈아 퓌레를 만든다.

7 생크림을 거품기로 저어 단단한 거품을 만든다. 살구 퓌레를 넣어 물결무늬를 만들어준다. 남은 케이크 위에 무늬가 있는 살구 크림을 바르고, 구운 살구를 얹는다. 그 위에 먼저 만들어 놓은 케이크를 얹는다. 원하면 꽃으로 장식해도 좋으나, 먹기 전에는 반드시 꽃을 제거하도록 한다. 안정성이 확인되지 않은 꽃은 절대 먹지 않도록 한다.

보관하기

바로 먹거나 냉장 보관한다. 크림 케이크이니 만든 당일 먹는 것이 좋으며, 냉장고에서 2일간 보관 가능하다.

NAKED CARROT CAKE SQUARES

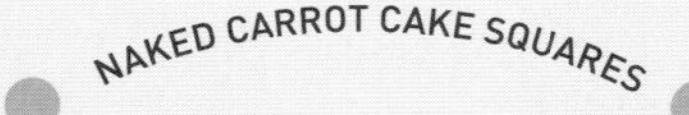

네이키드 사각 당근 케이크

애프터눈 티 케이크로는 당근 케이크만 한 게 없습니다.
계피향이 나는 당근으로 간단하게 장식하여 소박하지만 맛있는 케이크를 만들 수 있습니다.

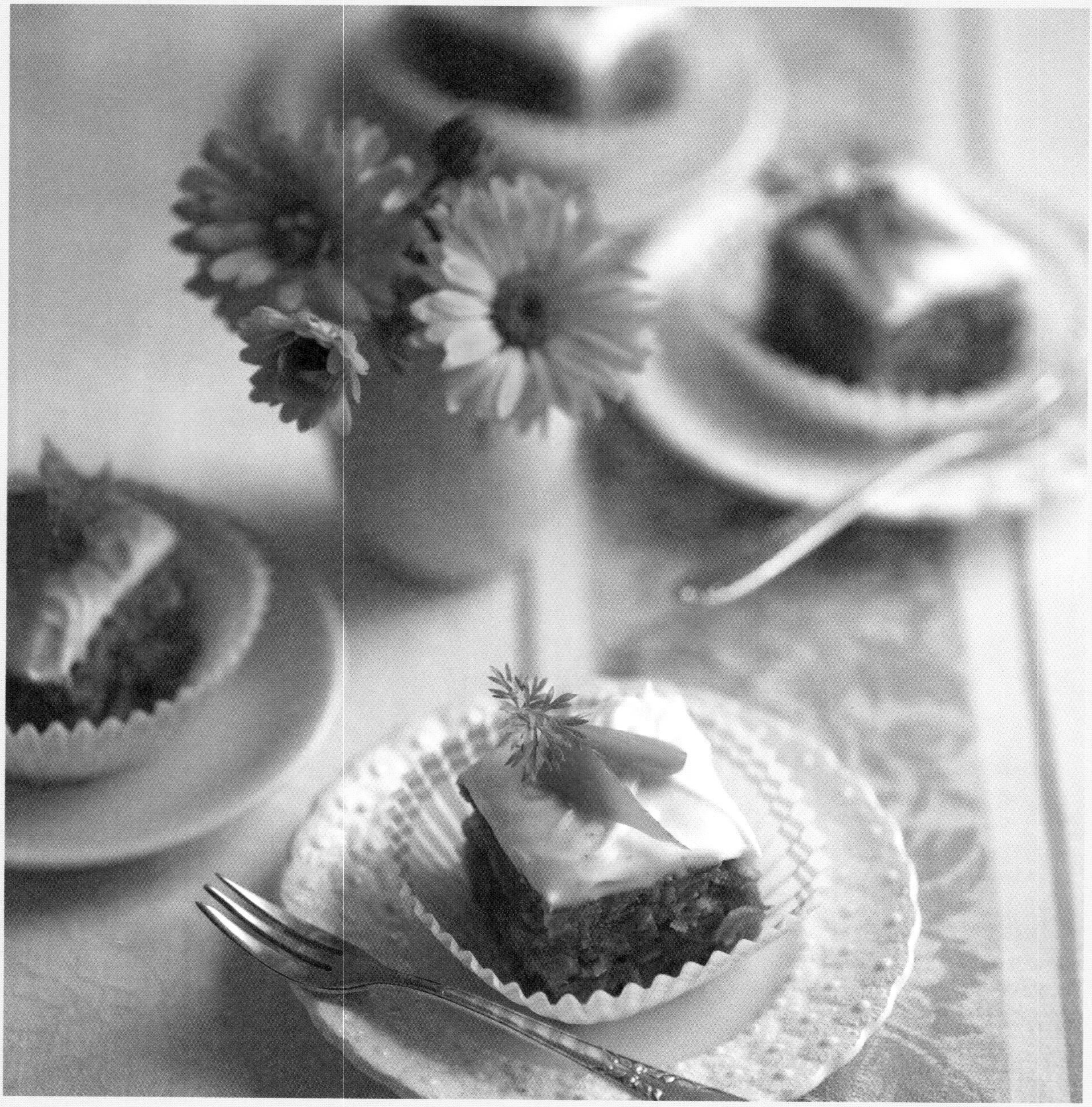

24인용
재료

식물성 기름 200ml
달걀 3개
캐스터슈거 250g
흑설탕 70g
사워크림 150ml
체 친 셀프 라이징 밀가루 250g
아몬드가루 100g
계핏가루 1작은술
생강가루 1작은술
바닐라빈 파우더 ½작은술
애플파이 스파이스 1작은술
너트메그 가루 약간
코코넛 슬라이스 200g
구워 다진 헤이즐넛 60g
채 썬 당근 300g
오렌지 주스 100ml
레몬 제스트(1개 분량)

당근 절임

당근 3개, 당근잎 장식용
설탕 100g, 장식용 약간 별도
1개 분량의 레몬즙
계피(시나몬스틱) ½개
바닐라 익스트랙트 1작은술

프로스팅

크림치즈 1큰술
슈거파우더 300g
부드러운 버터 1큰술, 계핏가루 ½작은술
레몬즙(1개 분량)

버터를 바르고 유산지를 깐 30×20cm 사각 케이크팬
실리콘 매트를 깔거나 버터를 바른 베이킹팬

준비하기

1 당근 껍질을 벗기고 당근 모양과 비슷하게 작은 삼각형 모양으로 자른다.
2 물 400ml, 설탕, 레몬즙, 계피, 바닐라를 소스팬에 넣고 끓여 시럽을 만든다. 당근을 넣고 약불에서 2~3분간 끓여 살짝 부드럽게 한다.
3 당근은 체에 걸러 건지고, 계피는 버린다. 팬 위에 당근을 올리고 설탕을 뿌려 따뜻하고 건조한 곳에 하루 놓아둔다.

오븐

150℃(300℉)로 예열한다.

만들기

1 식물성 기름, 달걀, 설탕, 흑설탕, 사워크림을 믹싱볼에 넣고 거품기로 젓는다. 밀가루와 아몬드가루를 체 친 후에 계핏가루, 생강가루, 바닐라, 애플파이 스파이스, 너트메그 가루를 넣는다. 가루 믹스를 반죽에 넣고 거품기로 모두 섞는다.
2 새로운 볼에 채 썬 당근을 오렌지 주스에 담가서 당근에 주스의 향이 베이게 한다. 당근과 오렌지 주스, 레몬 제스트를 케이크 반죽에 넣어 섞는다. 준비한 팬에 반죽을 담는다.
3 예열한 오븐에 넣어 1¼~1½시간 동안 갈색 빛이 날 때까지 굽는다. 오븐에서 꺼낸 상태로 식힌다.
4 치즈 크림, 슈거파우더, 버터, 계피, 레몬즙을 거품기로 저어 걸쭉한 크림 프로스팅을 만든다. 레몬즙을 조금씩 넣으며, 분량을 조절한다. 팔레트 나이프나 금속 스패출러로 케이크 위에 프로스팅을 바른다.

보관하기

밀폐용기에 담아 3일간 보관 가능하며, 먹기 바로 전에 당근 장식을 하는 것이 좋다.

GINGER AND VANILLA CAKE

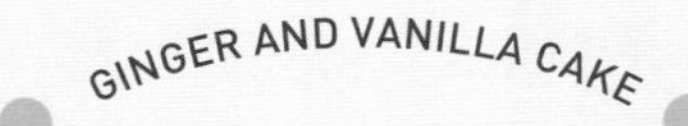

글루텐프리 생강&바닐라 케이크

밀가루 알레르기가 있어도 편히 즐길 수 있는 글루텐프리 케이크입니다. 은은한 향의 진저 크림으로 속을 가득 채우고, 캐머마일 꽃이나 데이지를 얹으면 여름 분위기가 물씬 나는 케이크를 손쉽게 만들 수 있습니다.

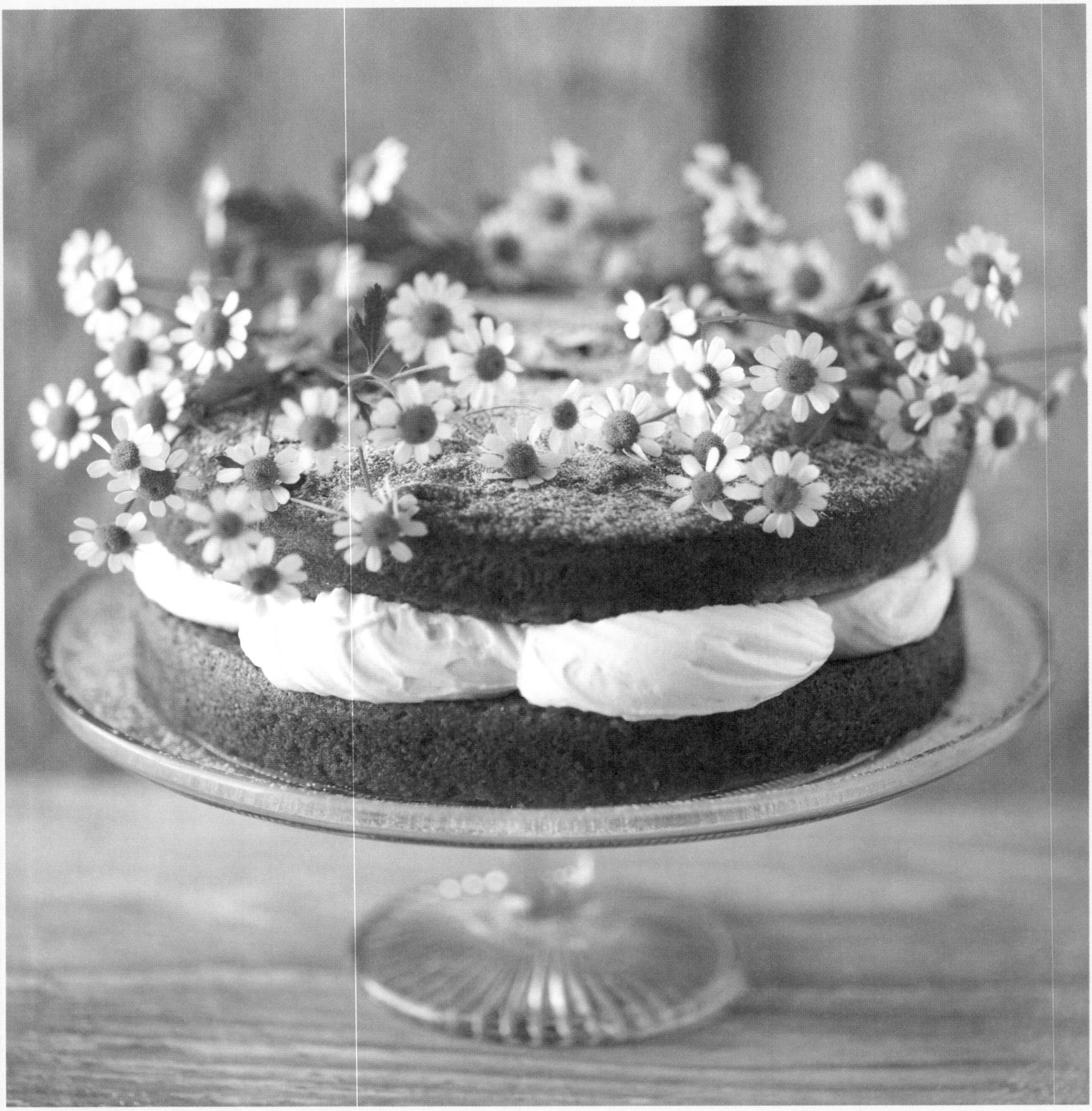

10인용 재료

캐스터슈거 225g

부드러운 버터 225g

달걀 4개

아몬드가루 140g

체 친 글루텐프리 셀프 라이징 밀가루 115g

글루텐프리 베이킹파우더 1작은술

잔탄검 ½작은술

계핏가루 1작은술

바닐라빈 파우더 ½작은술 또는 퓨어 바닐라 익스트랙트 1작은술

소금 약간

버터밀크 5큰술

곱게 다진 시럽에 절인 생강 4개와 생강 시럽 1큰술

슈거파우더 장식용

캐머마일 또는 데이지 등의 식용으로 쓸 수 있는 무농약 꽃

필링

생크림 250ml

생강 시럽 2큰술

버터를 바르고 유산지를 깐 20cm 원형 케이크팬 2개

오븐

180℃(350℉)로 예열한다.

만들기

1 설탕, 버터를 거품기로 저어 크림 상태로 만든다. 달걀을 한 번에 하나씩 넣으며 젓는다. 그다음 아몬드가루, 밀가루, 생강가루, 바닐라, 소금을 넣고 계속 젓는다. 버터밀크와 다진 생강과 생강 시럽을 넣고 섞은 후, 준비된 2개의 팬에 나눠 담는다.

2 예열한 오븐에 넣어 갈색 빛이 날 때까지 30~40분 동안 굽는다. 잘 구워진 케이크는 손가락으로 눌렀을 때 쉽게 꺼지지 않고 서서히 제 모습으로 돌아온다. 또 케이크 가운데를 칼로 살짝 찔러보았을 때 반죽이 묻어 나오지 않는다. 오븐에서 꺼낸 상태로 살짝 식힌 뒤, 팬에서 케이크를 분리해 식힘망 위에 올려 완벽하게 식힌다.

3 제공하기 전, 생크림과 생강 시럽을 거품기로 저어 단단한 거품을 만든다. 케이크 스탠드에 케이크를 올리고, 크림을 크게 한 숟가락 얹는다. 그 위에 두 번째 케이크를 올리고, 슈거파우더를 뿌린다. 캐머마일이나 데이지 꽃으로 장식하고, 바로 먹는다. 식용꽃이라도 쓴맛이 있으므로 가급적이면 장식용으로만 사용하는 것이 좋다. 특히 안정성이 확인되지 않은 꽃은 절대 먹지 않도록 한다.

보관하기

바로 먹거나 냉장고에 보관한다. 크림 케이크이니 만든 당일 먹는 것이 좋으며, 냉장고에서 2일간 보관 가능하다. 제공하기 직전에 꽃 장식을 해야 가장 보기 좋다.

팁

일부 고결방지제에 밀가루 성분을 함유하는 경우가 있으므로 글루텐프리 슈거파우더를 사용하는 것이 중요하다.

CHOCOLATE DOME CAKE

오렌지 & 화이트초콜릿 돔 케이크

마치 활화산과 같은 모습의 귀여운 돔 케이크입니다. 화이트초콜릿과 초콜릿에 담근 오렌지 껍질로 장식했으며, 오렌지 제스트의 터질 듯한 풍미가 돋보입니다.

오렌지 제스트(2개 분량)

바닐라 익스트랙트 1작은술

달걀 4개 케이크 반죽 ▶13페이지 참고

시럽

오렌지즙(3개 분량)

체 친 슈거파우더 2큰술

장식

화이트초콜릿 100g

초콜릿 코팅한 오렌지 껍질 18개

버터를 바른 6구 초콜릿 티케이크 몰드 3개 또는 실리콘 머핀 몰드

오븐

180℃(350℉)로 예열한다.

만들기

1 오렌지 제스트와 바닐라를 케이크 반죽에 넣고 섞은 후, 몰드에 나눠 담는다. 티케이크 몰드가 하나만 있을 경우, 사용 후에 몰드를 세척하여 다시 사용하면 된다.

2 예열한 오븐에 넣어 갈색 빛이 날 때까지 20~25분간 굽는다. 잘 구워진 케이크는 손가락으로 눌렀을 때 쉽게 꺼지지 않고 서서히 제 모습으로 돌아온다. 몰드에서 케이크를 분리해서 식힘망 위에 올려 식힌다. 이때 반구 모양처럼 보이도록 케이크의 편평한 부분이 바닥으로 향하도록 식힘망에 놓는다.

3 오렌지즙, 슈거파우더를 소스팬에 넣고 끓여 시럽을 만든다. 큰 숟가락으로 케이크의 윗면에 뿌린다. 식힘망 아래에 포일을 깔아 놓으면 정리가 간편하다.

4 화이트초콜릿을 내열 볼에 담는다. 기포가 올라올 정도의 끓는 물 위에 볼이 닿지 않도록 올리고, 초콜릿을 녹인다. 계속 저어가며 부드럽고 윤기 나는 소스를 만든다. 식도록 둔다.

5 초콜릿을 티스푼으로 케이크 위에 뿌려준다. 초콜릿 코팅된 오렌지 껍질을 가운데에 얹고, 초콜릿을 굳도록 둔다.

보관하기

밀폐용기에 담가 2일 동안 보관 가능하며, 만든 당일에 먹는 것이 가장 좋다.

팁

오렌지 대신 레몬으로 대체해도 맛이 크게 달라지지 않는다. 오렌지를 넣었을 때와 동일하게 반죽에 레몬 제스트를 넣고, 레몬 4개 분량의 즙을 시럽에 넣고, 레몬 껍질을 초콜릿 코팅해 사용하면 된다.

드라마틱 이펙트 케이크

PART 5

CHERRY AND ALMOND CAKES

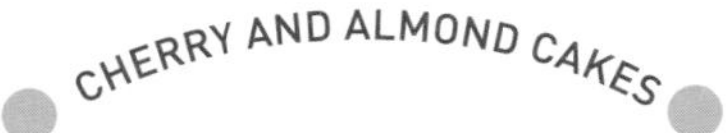

초콜릿 코팅 체리를 얹은 체리 아몬드 케이크

필자는 초콜릿과 체리의 조합을 사랑합니다. 입 안의 작은 사치와도 같은 조합의 케이크로, 신선한 체리를 구하기 어렵다면 달콤하게 절인 체리로 만들어도 무관합니다.

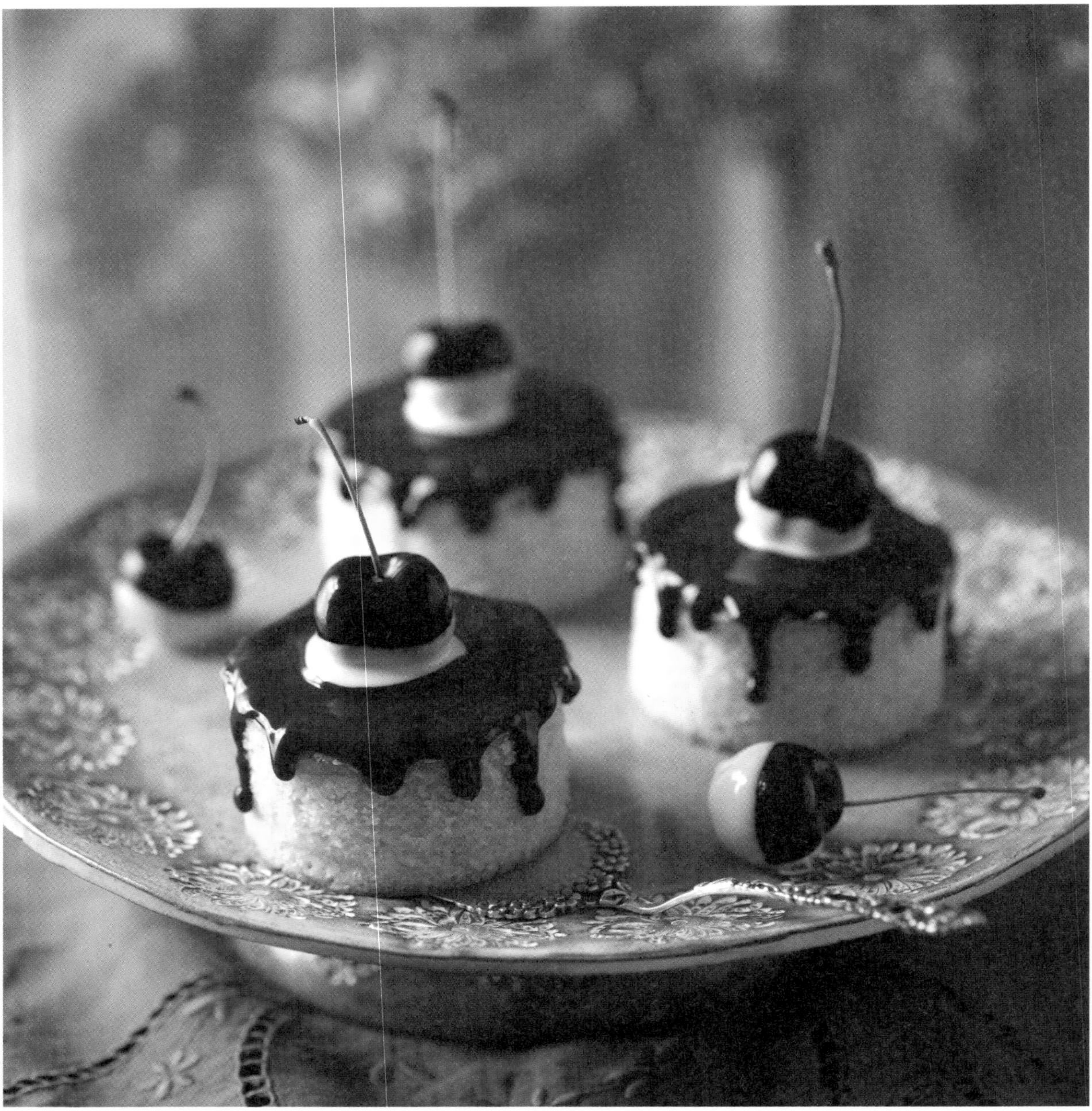

20인용
재료

부드러운 버터 340g
캐스터슈거 340g
달걀 6개
아몬드가루 225g
체 친 셀프 라이징 밀가루 140g
아몬드 익스트랙트 1작은술
아몬드 플레이크(아몬드채) 50g

초콜릿 아이싱
녹인 다크초콜릿 100g
폰던트(체 친 슈거파우더) 250g
골든 시럽(옥수수 시럽) 2큰술
물 1~2큰술(선택)

장식
체리 20개
녹인 화이트초콜릿 50g

버터를 바르고 유산지를 깐 38×28cm 사각 팬
7cm 원형 커터(선택)

오븐
180℃(350℉)로 예열한다.

만들기
1 버터와 설탕을 믹싱볼에 넣고 거품기로 저어 크림 상태로 만든다. 달걀을 한 번에 하나씩 넣어가며 거품기로 계속 젓는다. 아몬드가루, 밀가루, 아몬드 익스트랙트를 넣고 스패출러로 부드럽게 섞는다. 준비한 케이크팬에 반죽을 담고 반죽 위에 아몬드 플레이크를 뿌린다.
2 예열한 오븐에 넣고 갈색 빛이 날 때까지 25~30분간 굽는다. 잘 구워진 케이크는 손가락으로 눌렀을 때 쉽게 꺼지지 않고 서서히 제 모습으로 돌아온다. 또 케이크 가운데를 칼로 살짝 찔러보았을 때 반죽이 묻어 나오지 않는다. 오븐에서 꺼낸 상태로 식힌 뒤, 케이크를 팬에서 분리한다. 원형 커터로 20개의 케이크를 찍어 낸다.
3 초콜릿, 슈거파우더, 시럽을 소스팬에 넣고 약불에서 섞어가며 아이싱을 만든다. 아이싱이 뻑뻑하다면 물 1~2큰술을 넣어 농도를 조절한다. 케이크 윗면 뿐 아니라 옆면에도 살짝 흐르게 아이싱을 뿌린다.
4 체리를 녹인 화이트초콜릿에 반만 담갔다가 케이크 위에 얹는다. 아이싱과 초콜릿이 굳도록 잠시 둔다.

보관하기
밀폐용기에 담아 3일 동안 보관 가능하다.

CHEQUERBOARD CAKE

체커보드 케이크

케이크를 자르면 단면에서 드러나는 체커판 무늬가 독특한 케이크입니다.

달걀 6개 케이크 반죽 ▶13페이지 참고
체 친 제과용 코코아파우더 60g
바닐라 소금 약간 또는 천일염과 바닐라 익스트랙트 1작은술
녹인 화이트초콜릿 식힌 것 100g
체리 잼 4큰술

아이싱

체 친 슈거파우더 250g
부드러운 버터 50g
녹인 화이트초콜릿 식힌 것 60g
우유 1큰술(필요에 따라)

버터를 바르고 유산지를 깐 20cm 체커보드 팬 세트와 내부용 링 3개
큰 원형 깍지를 낀 짤주머니 2개

오븐

180℃(350℉)로 예열한다.

만들기

1 케이크 반죽을 반으로 나눈다. 5개의 다크초콜릿 링, 4개의 화이트초콜릿 링을 만들어야 하므로 반죽 하나를 조금 더 담는다. 코코아파우더와 약간의 바닐라 소금을 양이 많은 반죽에 넣어 섞는다. 녹인 화이트초콜릿, 바닐라 소금을 양이 적은 반죽에 넣어 섞는다. 이때 바닐라 소금을 다크초콜릿 반죽보다 조금 더 많이 넣는다.

2 짤주머니에 반죽을 각각 담는다. 팬 안에 체커보드용 링을 넣고, 반죽의 색을 번갈아 가며 케이크팬에 짠다. 링을 뺀 뒤, 케이크팬을 작업대 위에 툭 쳐서 반죽 안의 빈틈을 없애준다.

3 예열한 오븐에 넣어 25~30분간 굽는다. 잘 구워진 케이크는 손가락으로 눌렀을 때 쉽게 꺼지지 않고 서서히 제 모습으로 돌아온다. 또 케이크 가운데를 칼로 살짝 찔러보았을 때 반죽이 묻어 나오지 않는다. 오븐에서 꺼낸 상태로 살짝 식힌 뒤, 팬에서 케이크를 분리해 식힘망 위에 올려 완벽하게 식힌다.

4 슈거파우더, 버터, 녹인 화이트초콜릿을 거품기로 저어 매끈하고 걸쭉한 아이싱을 만든다. 아이싱이 뻑뻑하다면 우유를 넣어 농도를 조절한다.

5 바깥쪽이 다크초콜릿인 케이크를 케이크 스탠드에 올린다. 아이싱 반을 바르고, 잼의 반을 그 위에 바른다. 바깥쪽이 화이트초콜릿인 케이크를 그 위에 얹고, 남은 아이싱과 잼을 순서대로 바른다. 남은 케이크를 그 위에 올린다.

6 제공하기 직전에 슈거파우더를 뿌린다.

보관하기

밀폐용기에 담아 2일 동안 보관 가능하다.

팁

실패 없이 체커보드 케이크를 만들기 위해서는 완벽한 체커판 무늬를 완성할 수 있는 체커보드 케이크팬이 필수다. 만약 체크보드 케이크팬이 없다면, 3개의 원형 팬을 활용해도 좋다. 같은 사이즈의 팬에 체커판 무늬가 나오도록 구워 3개의 케이크를 쌓아서 완성하면 된다.

PASSION FRUIT AND CHOCOLATE LAYER

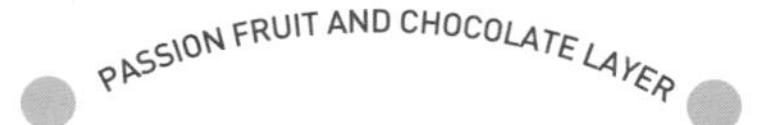

패션 프루트와 초콜릿 레이어 케이크

초콜릿과 패션 프루트는 기발한 조합을 이룹니다. 초콜릿의 쌉쌀한 맛이 패션 프루트의 새콤한 맛을 돋보이게 해주기 때문이죠. 케이프 구스베리와 시계꽃을 얹으면 특별한 날을 위한 케이크로 제격입니다.

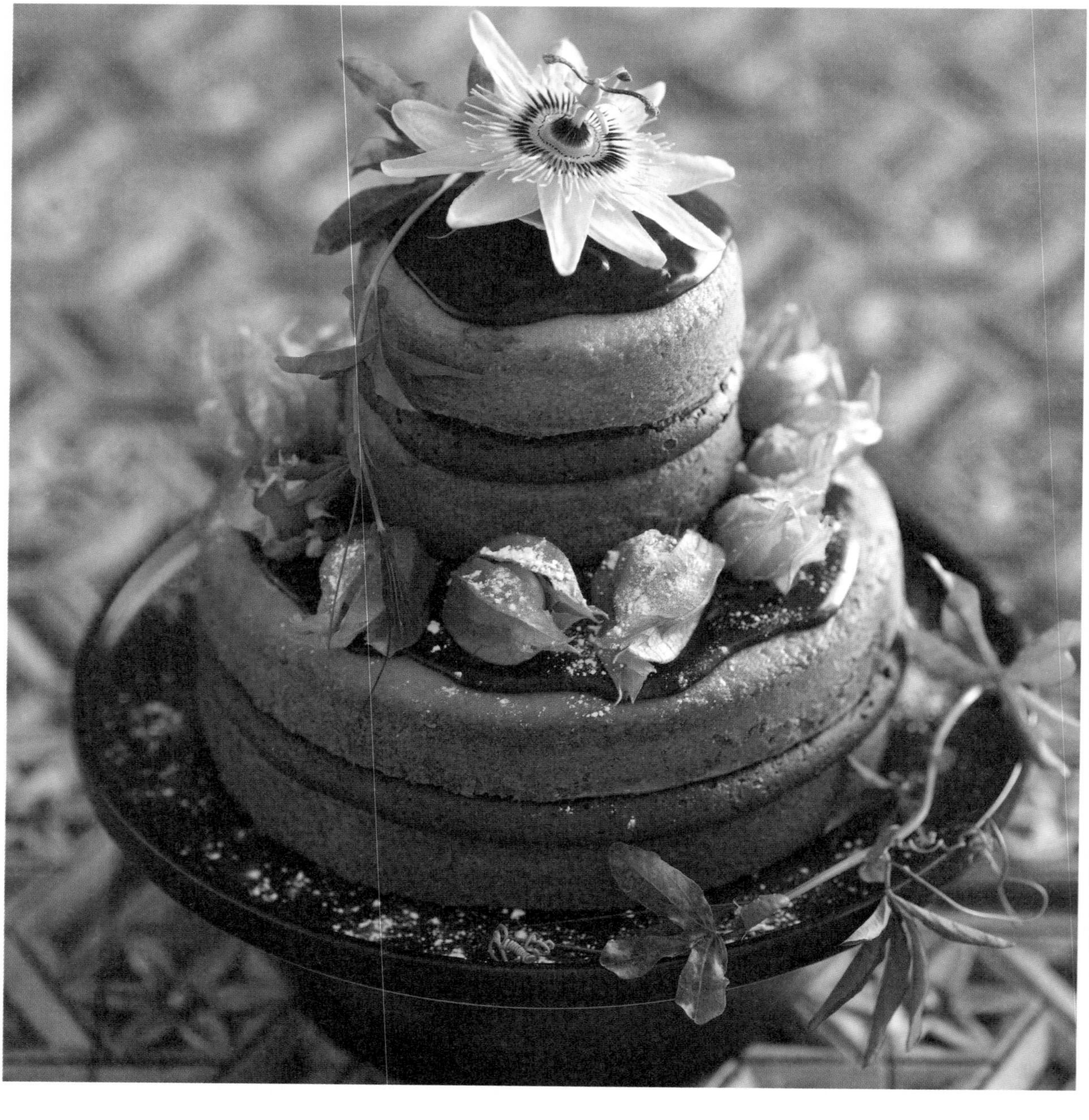

5개 분량의 패션 프루트 즙(씨 제거)

노란색 식용색소

달걀 5개 케이크 반죽 ▶13 페이지 참고

버터 크림

슈거파우더 170g

제과용 코코아파우더 45g

부드러운 버터 45g

우유 1큰술

가나슈

생크림 80ml

다크초콜릿 100g

버터 1큰술

골든 시럽(옥수수 시럽) 1큰술

장식

케이프 구스베리(꽈리 모양으로)

시계초 등의 무농약 꽃

버터를 바르고 유산지를 깐 20cm, 10cm 원형 케이크팬 2개씩

오븐

180℃(350℉)로 예열한다.

만들기

1 패션 프루트즙, 노란색 식용색소 몇 방울을 케이크 반죽에 넣고 섞는다. 케이크 반죽을 큰 케이크팬에는 ⅔까지 담고, 작은 케이크팬에는 ⅓까지 담는다.

2 예열한 오븐에 넣어 갈색 빛이 날 때까지 20~30분 동안 굽는다. 작은 팬은 큰 팬보다 더 빨리 익으므로 다 익었을 때쯤 수시로 체크해야 한다. 잘 구워진 케이크는 손가락으로 눌렀을 때 쉽게 꺼지지 않고 서서히 제 모습으로 돌아온다. 또 케이크 가운데를 칼로 살짝 찔러보았을 때 반죽이 묻어 나오지 않는다. 오븐에서 꺼낸 상태로 살짝 식힌 뒤, 팬에서 케이크를 분리해 식힘망 위에 올려 완벽하게 식힌다.

3 슈거파우더, 코코아, 버터, 우유를 거품기로 저어 걸쭉한 버터 크림을 만든다.

4 생크림, 초콜릿, 버터, 시럽을 내열 용기에 담는다. 기포가 올라올 정도의 끓는 물 위에 볼이 닿지 않게 올리고, 초콜릿을 녹인다. 계속 저어가며 부드럽고 윤기 나는 소스를 만든다.

5 큰 케이크 하나를 케이크 스탠드에 올린다. 그 위에 버터 크림 ⅔를 팔레트 나이프 또는 금속 스패출러로 바른다. 두 번째 큰 케이크를 올린다. 그 위에 가나슈 ⅔를 바른다. 작은 케이크를 가운데에 올리고 남은 버터 크림을 바른다. 그 위에 남은 작은 케이크를 올리고, 가나슈를 두껍게 바른다.

6 케이프 구스베리를 큰 케이크의 가장자리에 놓아 장식하고, 슈거파우더를 살짝 뿌린다. 작은 케이크 위에는 시계초로 장식하고, 먹기 전에는 제거한다. 안정성이 확인되지 않은 꽃은 절대 먹지 않도록 한다.

보관하기

이 케이크는 밀폐용기에 담아 2일간 보관 가능하다.

GREEN TEA ICE CREAM CAKE

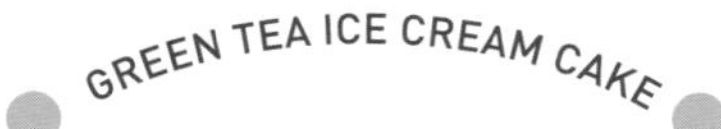

그린티 아이스크림 케이크

말차로 만든 녹차 아이스크림으로 채운 매력적인 분홍색 케이크입니다.
예쁜 꽃으로 장식해 뜨거운 여름과 더없이 잘 어울립니다.

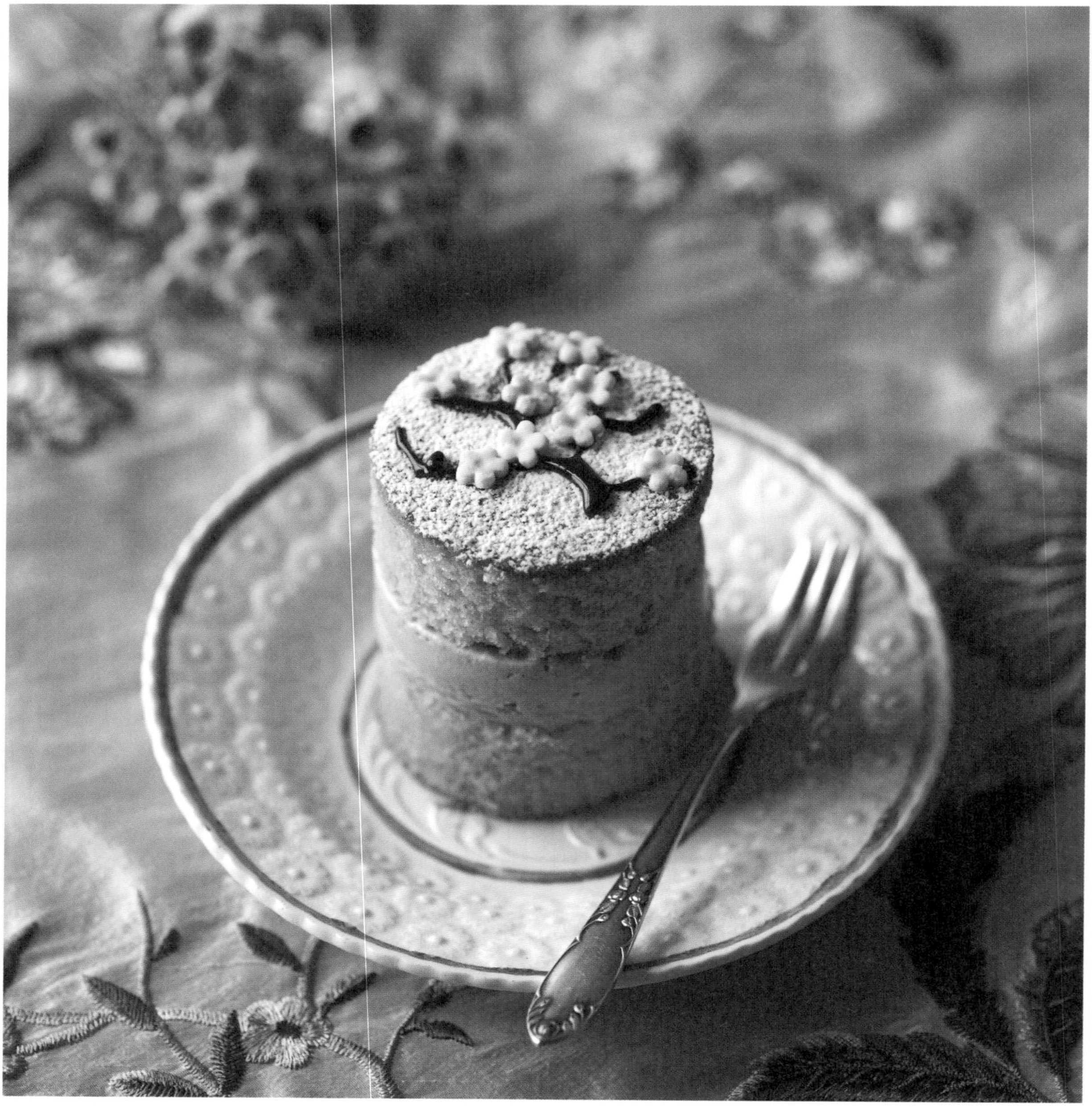

바닐라빈 파우더 ½작은술 또는 퓨어 바닐라 익스트랙트 1작은술

달걀 4개 케이크 반죽 ▶13페이지 참고

분홍색 식용색소

아이스크림

말차가루 1작은술

생크림 400ml

우유 200ml

달걀노른자 5개

캐스터슈거 100g

초록색 식용색소(선택)

장식

슈거파우더 장식용

녹인 다크초콜릿 식힌 것 50g

설탕꽃

아이스크림 기계(선택)

버터를 바르고 유산지를 깐 20cm 원형 케이크팬 2개

작은 원형 깍지를 낀 짤주머니

6.5cm 원형 커터

준비하기 : 아이스크림 만들기

1 말차가루와 생크림, 우유를 소스팬에 넣는다. 중불에서 거품기로 저어가며 가루가 녹을 때까지 끓인다. 달걀노른자, 설탕을 믹싱볼에 넣고, 거품기로 저어 연노란색의 걸쭉한 크림을 만든다.

2 말차 크림을 다시 끓이면서, 달걀 믹스를 거품기로 저어가며 천천히 조금씩 넣는다. 걸쭉해질 때까지 계속 저어가며 몇 분간 끓인다. 초록색 식용색소 몇 방울을 넣으면 선명한 녹색 아이스크림을 만들 수 있다.

3 볼에 담아 완전히 식힌 후, 아이스크림 기계 설명서에 따라 아이스크림을 만들어 냉동실에 보관한다. 아이스크림 기계가 없다면, 반죽을 내냉용기에 담아 냉동실에 넣어 두고, 20분 간격으로 아이스크림을 휘저어준다.

오븐

180℃(350℉)로 예열한다.

만들기

1 바닐라와 분홍색 식용색소 소량을 케이크 반죽에 넣고 섞는다. 준비한 케이크팬에 같은 양으로 나눠 담는다.

2 예열한 오븐에 넣어 20~30분간 굽는다. 잘 구워진 케이크는 손가락으로 눌렀을 때 쉽게 꺼지지 않고 서서히 제 모습으로 돌아온다. 또 케이크 가운데를 칼로 살짝 찔러보았을 때 반죽이 묻어 나오지 않는다. 오븐에서 꺼낸 상태로 살짝 식힌 뒤, 팬에서 케이크를 분리해 식힘망 위에 올려 완벽하게 식힌다.

3 식으면 원형 커터로 5개의 케이크를 찍는다. (남은 부분은 냉동 보관하였다가, 트러플이나 케이크 팝 만들 때 사용하면 된다.) 자른 케이크를 가로로 반으로 자른다. 자른 케이크의 윗부분에 슈거파우더를 뿌린다. 녹인 초콜릿을 짤주머니에 넣어, 케이크의 윗면에 설탕꽃의 가지를 그려 넣는다. 초콜릿이 굳도록 잠시 둔다.

4 제공하기 전, 상온에 아이스크림을 잠시 두어 부드럽게 만든다. 아이스크림을 원형 커터로 10개 찍는다. 커터 아랫부분을 칼로 분리하여, 케이크를 들어 옮긴다. 케이크 위에 아이스크림을 얹고, 장식한 케이크 윗부분을 얹는다. 바로 먹는다.

PEPPERMINT AND VANILLA LAYER

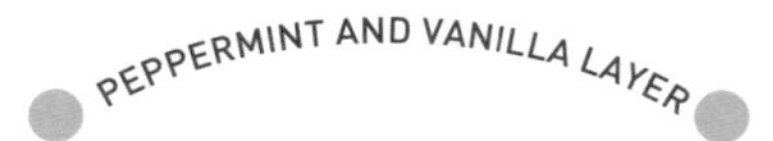

화이트초콜릿 페퍼민트&바닐라 레이어 케이크

바닐라와 민트의 조합은 시원함 그 자체입니다. 연한 초록색 그러데이션 케이크와
크림색의 화이트초콜릿 프로스팅, 설탕으로 코팅한 은은한 향의 섬세한 민트 잎을 올린 치명적인 매력의 케이크입니다.

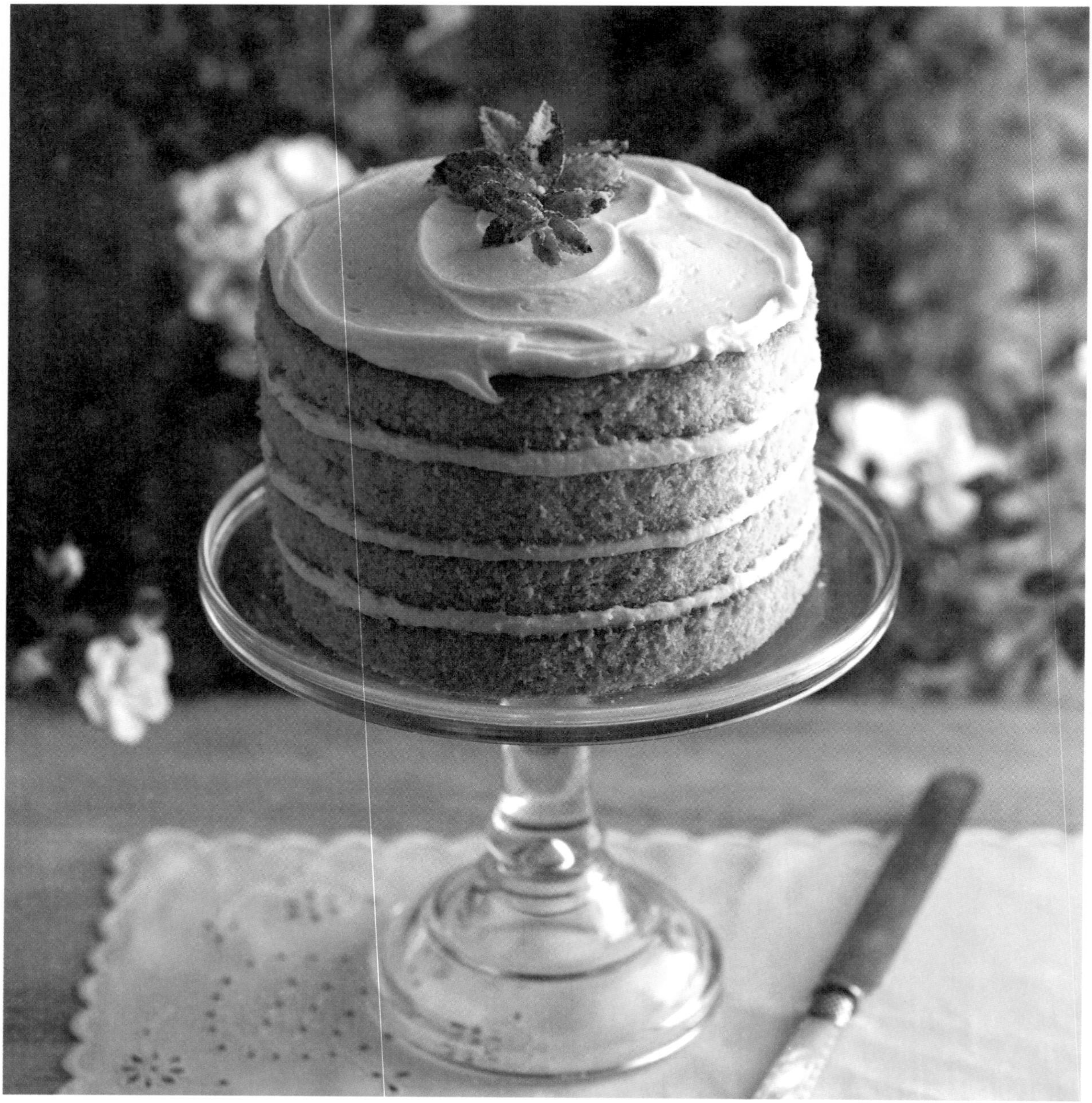

바닐라빈 파우더 ½작은술 또는 퓨어 바닐라 익스트랙트 1작은술
소금 약간
달걀 6개 케이크 반죽 ▶13페이지 참고
녹색 식용색소 젤

초콜릿 버터 크림
체 친 슈거파우더 250g
부드러운 버터 1큰술
녹인 화이트초콜릿 식힌 것 100g
페퍼민트 익스트랙트 1작은술
우유(필요에 따라)

설탕 코팅 민트
달걀흰자 1개
민트 잎
캐스터슈거

붓
실리콘 매트 또는 유산지를 깐 베이킹팬
버터를 바르고 유산지를 깐 20cm 원형 케이크팬 4개

10인용 재료

준비하기 : 설탕 코팅한 민트 만들기

설탕 코팅한 민트는 하루 정도 말려야 하므로 미리 만든다.

1 달걀흰자를 하얗게 거품이 될 때까지 거품기로 저어준다. 붓으로 달걀흰자를 민트 잎의 앞뒷면에 바르고, 그 위에 설탕을 뿌린다.
2 남은 꽃잎에 모두 설탕을 입힌 후, 준비한 베이킹팬에 올려 따뜻하고 건조한 곳에 하루 놓아둔다. 마르면 밀폐용기에 담아 보관한다.

오븐

180℃(350℉)로 예열한다.

만들기

1 바닐라와 소금을 케이크 반죽에 넣고 스패츌러로 섞은 후, 식용색소를 넣는다. 반죽의 ¼을 준비한 케이크팬에 담는다. 남은 반죽에 식용색소를 소량 넣고 좀 더 진한 색으로 만든다. 반죽의 ⅓을 케이크팬에 담고, 색소를 넣는 작업을 반복하여 4단계의 녹색의 케이크 반죽을 완성한다.
2 예열한 오븐에 넣고 25~30분간 굽는다. 잘 구워진 케이크는 손가락으로 눌렀을 때 쉽게 꺼지지 않고 서서히 제 모습으로 돌아온다. 또 케이크 가운데를 칼로 살짝 찔러보았을 때 반죽이 묻어 나오지 않는다. 오븐에서 꺼낸 상태로 살짝 식힌 뒤, 팬에서 케이크를 분리해 식힘망 위에 올려 완벽하게 식힌다.
3 슈거파우더, 버터, 녹인 초콜릿, 페퍼민트 익스트랙트를 거품기로 저어 매끈하고 걸쭉한 버터 크림을 만든다. 버터 크림이 너무 뻑뻑하다면 우유를 넣어 농도를 조절한다.
4 케이크의 옆면 색이 잘 보이도록 케이크의 가장자리를 빵칼로 다듬는다. 가장 진한 초록색 케이크를 케이크 스탠드에 올리고, 버터 크림을 얇게 바른다. 그다음으로 진한 케이크를 올리고, 버터 크림을 좀 더 많이 바른다. 남은 케이크를 점점 밝은 색 순서로 올리고 버터 크림을 사이에 바른다. 케이크의 윗면에 버터 크림을 바르고, 설탕 코팅된 민트 잎으로 장식한다.

보관하기

이 케이크는 밀폐용기에 담아 3일간 보관 가능하다.

COFFEE AND PINEAPPLE LAYER

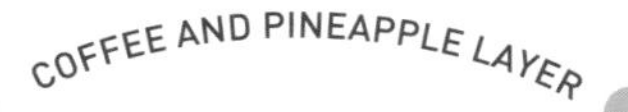

커피 & 파인애플 레이어 케이크

커피와 파인애플의 조합은 흔치 않지만, 완전한 맛을 구현합니다. 맛있는 마스카포네 치즈로 덮은 케이크 위에 바삭한 파인애플 칩으로 장식합니다. 파인애플 칩은 하룻밤 동안 말려야 하기 때문에 하루 전날 만들어둬야 합니다.

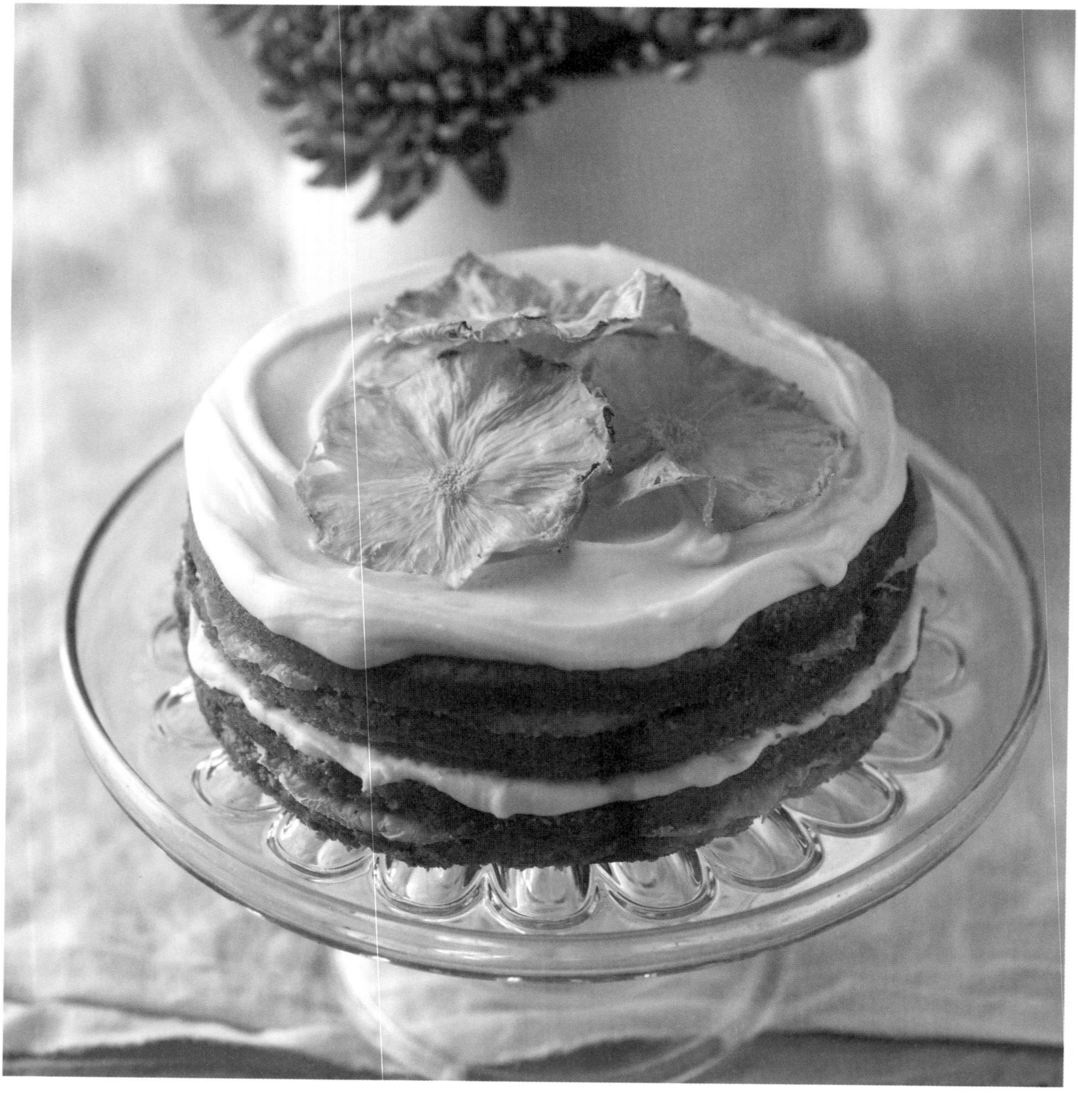

파인애플 1개

에스프레소 샷 1잔

커피 익스트랙트 1작은술

커피 소금 ½작은술(선택)

달걀 4개 케이크 반죽 ▶13 페이지 참고

커피 시럽

에스프레소 샷 1잔

캐스터슈거 1작은술

마스카르포네 크림

마스카르포네 치즈 170g

부드러운 버터 60g

체 친 슈거파우더 450g

버터를 바르고 유산지를 깐 20cm 원형 케이크팬 2개

실리콘 매트 또는 유산지를 깐 베이킹팬

준비하기 : 파인애플 칩 만들기

1 파인애플 껍질을 벗기고 가로로 반 자른다. 필링용으로 사용할 파인애플 반은 랩으로 싸서 냉장 보관한다.

2 잘 드는 칼을 이용해 파인애플을 매우 얇은 원형 모양이 되도록 슬라이스 한다.

3 준비한 베이킹팬에 올리고, 하루 동안 따뜻한 곳에서 말린다. 가장 낮은 온도의 오븐에 넣어 건조해도 되며, 한 시간 간격으로 마른 정도를 확인하여야 한다. 소요 시간은 오븐의 온도와 파인애플의 익은 정도에 따라 차이가 있다.

오븐

180℃(350℉)로 예열한다.

만들기

1 케이크 반죽에 에스프레소와 커피 소금을 넣고 섞은 후, 준비한 팬에 같은 양으로 나눠 담는다.

2 예열한 오븐에 넣고 갈색 빛이 날 때까지 20~30분간 굽는다. 잘 구워진 케이크는 손가락으로 눌렀을 때 쉽게 꺼지지 않고 서서히 제 모습으로 돌아온다. 또 케이크 가운데를 칼로 살짝 찔러보았을 때 반죽이 묻어 나오지 않는다. 오븐에서 꺼낸 상태로 살짝 식힌 뒤, 팬에서 케이크를 분리해 식힘망 위에 올려 완벽하게 식힌다.

3 에스프레소와 설탕을 소스팬에 넣고 설탕이 녹인다. 완성된 커피 시럽은 식힌다.

4 마스카르포네 치즈, 버터, 슈거파우더를 거품기로 저어 매끈하고 걸쭉한 마스카르포네 크림 필링을 만든다.

5 남은 파인애플의 가운데 딱딱한 부분을 제거하고 얇게 슬라이스 한다. 잘 드는 칼로 구운 케이크를 반으로 자른다. 케이크 스탠드 위에 케이크를 얹고 커피 시럽을 약간 뿌린다. 파인애플 슬라이스를 위에 얹고 두 번째 케이크를 얹는다. 마스카르포네 크림을 바르고, 케이크를 얹는다. 커피 시럽을 뿌리고, 파인애플 슬라이스를 얹는다. 마지막 케이크를 올리고, 남은 마스카르포네 크림을 얹고 말린 파인애플 슬라이스로 장식한다.

보관하기

먹기 직전에 세팅하는 것이 좋다. 이 케이크는 밀폐용기에 담아 2일간 보관 가능하다.

REDCURRANT CAKE

레드커런트 케이크

레드커런트의 톡 쏘는 듯한 새콤한 맛을 좋아해서 프랑스 알자스 지방에서 가족과 모일 때면 레드커런트 타르트를 만들곤 합니다. 레드커런트 콤포트로 케이크 속을 채우고 커스터드 크림을 얹어 작고 맛있는 케이크를 만들 수 있습니다.

캐스터슈거 280g
부드러운 버터 280g
달걀 5개
체 친 셀프 라이징 밀가루 280g
버터밀크 80ml
퓨어 바닐라 익스트랙트 1작은술

콤포트

레드 커런트 300g
캐스터슈거 60g

크렘 파티시에르

달걀 1개와 달걀노른자 1개
체 친 옥수수 전분 2큰술
캐스터슈거 80g
생크림 250ml
바닐라 파우더 또는 퓨어 바닐라 익스트랙트 1작은술

장식

슈거파우더 장식용
생크림 200ml

버터를 바른 8cm 사각 바닥 분리형 플랑팬

오븐

180℃(350℉)로 예열한다.

만들기

1 설탕과 버터를 거품기로 저어 가벼운 크림 상태로 만든다. 달걀을 한 번에 하나씩 넣으면서 계속 젓는다. 밀가루, 버터밀크, 바닐라를 넣고 섞은 후, 준비된 플랑 팬에 담는다.

2 예열한 오븐에 넣어 20~30분 동안 굽는다. 잘 구워진 케이크는 손가락으로 눌렀을 때 쉽게 꺼지지 않고 서서히 제 모습으로 돌아온다. 또 케이크 가운데를 칼로 살짝 찔러보았을 때 반죽이 묻어 나오지 않는다. 오븐에서 꺼낸 상태로 살짝 식힌 뒤, 팬에서 케이크를 분리해 식힘망 위에 올려 완벽하게 식힌다.

3 레드 커런트, 설탕, 물 2큰술을 오븐용 그릇에 넣는다. 케이크와 함께 오븐에 넣어 레드 커런트가 부드러워질 때까지 20~30분간 익힌다. 완성된 콤포트는 오븐에서 꺼내 식힌다.

4 달걀, 달걀노른자, 옥수수 전분, 설탕을 내열 볼에 담아 거품기로 걸쭉한 크림 상태가 될 때까지 젓는다. 생크림, 바닐라를 소스팬에 넣고 끓인다. 달걀 믹스에 뜨거운 생크림을 거품기로 계속 저어가며 넣는다. 다시 소스팬에 넣고, 계속 저어가며 커스터드 농도가 될 때까지 익힌다. 이때 분리되지 않도록 주의해야 한다. 만약 분리되었을 경우, 체에 넣어 숟가락 아랫부분으로 눌러 덩어리를 없앤다. 완성된 크렘 파티시에르는 식힌다.

5 케이크 스탠드에 케이크를 올리고, 녹인 초콜릿을 빈틈을 채운다. 슈거파우더를 충분히 뿌리고, 콤포트를 초콜릿 위에 얹는다. 그 위에 크렘 파티시에르를 얹는다.

6 생크림을 거품기로 저어 단단한 거품을 만들어 크렘 파티시에르 위에 회오리 모양으로 올린다. 신선한 레드 커런트로 장식한다.

보관하기

바로 먹거나 제공 전까지 냉장고에 보관한다. 크림 케이크이니 만든 당일 먹는 것이 좋으며, 냉장고에서 2일간 보관 가능하다.

CHOCOLATE FIG CAKE

초콜릿 무화과 케이크

구운 무화과로 장식한 케이크로, 무화과를 좋아하는 사람들에게 더할 나위 없습니다.
듬뿍 뿌린 코코아파우더, 신선한 크림치즈 프로스팅으로 채운 이 케이크는 어떤 파티에서든 돋보일 것입니다.

10인용
재료

체 친 제과용 코코아파우더 60g

달걀 6개 케이크 반죽 ▶13페이지 참고

레몬 커드 4큰술

구운 무화과

무화과 6개

캐스터슈거 1큰술

흘러내릴 수 있는 농도의 꿀 1큰술

버터 약간

장식

녹인 화이트초콜릿 50g

슈거파우더 장식용

버터를 바르고 유산지를 깐 20cm 원형 케이크팬 3개

실리콘 매트 또는 버터 바른 유산지

오븐

180℃(350℉)로 예열한다.

만들기

1 로스팅 팬에 무화과를 넣고 설탕을 뿌린다. 꿀을 흩뿌리고, 버터를 무화과 위에 조금씩 얹는다.

2 예열한 오븐에 넣어 15~20분간 굽는다. 구운 무화과는 부드럽고 모양이 흐트러지지 않아야 한다. 구운 무화과를 식힌다. 오븐은 케이크를 구워야 하므로 그대로 둔다.

3 코코아가루를 케이크 반죽에 넣고 섞어, 준비한 팬에 같은 양으로 나눠 담는다.

4 예열한 오븐에 넣어 20~30분간 굽는다. 잘 구워진 케이크는 손가락으로 눌렀을 때 쉽게 꺼지지 않고 서서히 제 모습으로 돌아온다. 또 케이크 가운데를 칼로 살짝 찔러보았을 때 반죽이 묻어 나오지 않는다. 오븐에서 꺼낸 상태로 살짝 식힌 뒤, 팬에서 케이크를 분리해 식힘망 위에 올려 완벽하게 식힌다.

5 슈거파우더, 버터, 크림치즈를 거품기로 저어 매끈하면서 되직한 상태의 버터 크림을 만든다. 버터 크림이 너무 뻑뻑하다면 우유를 넣어 농도를 조절한다.

6 긴 빵칼을 이용해 구운 케이크를 가로로 반 자른다. 케이크 스탠드에 자른 반을 올리고 버터 크림을 약간 바른다. 숟가락으로 레몬 커드를 얹고, 두 번째 케이크를 올린다. 이 과정을 남은 4개의 케이크로 반복한다. 남은 버터 크림을 완성된 케이크의 옆면에 얇게 바른다. 이때 버터 크림을 너무 두껍게 바르지 않아야 하며, 케이크가 보일 정도로 얇게 바른다. 슈거파우더를 윗면에 뿌리고, 화이트초콜릿을 무늬를 내면서 뿌린다.

7 구운 무화과를 반으로 자르고, 케이크 윗면에 얹거나 옆에 놓아 장식한다. 바로 제공한다.

보관하기

이 케이크는 밀폐용기에 담아 2일간 보관 가능하다. 무화과는 먹기 바로 직전에 장식한다.

CROQUEMBOUCH

크로캉부슈

크로캉부슈야말로 오리지널 네이키드 케이크일지도 모릅니다.
슈를 높게 쌓은 것 자체가 그 어떤 화려한 장식보다도 멋진 데커레이션이 됩니다.

슈 페이스트리

두 번 체 친 중력분 260g

주사위 모양으로 자른 버터 200g

소금 약간

달걀 8개

필링

생크림 600ml, 슈거파우더 2큰술

바닐라빈 파우더 1작은술 또는 퓨어 바닐라 익스트랙트 2작은술

장식

캐스터슈거 600g, 자스민 등의 무농약 꽃 장식용

유산지 또는 실리콘 매트를 깐 팬 4개 (또는 마르는 동안 세척하여 사용)

원형 깍지를 낀 짤주머니 2개

마분지

투명 테이프

준비하기 : 슈 페이스트리 만들기

1 버터와 물 600ml, 소금을 소스팬에 넣고 버터가 녹을 때까지 끓인다. 버터가 녹자마자 체 친 밀가루를 한 번에 재빨리 넣고 불을 끈다. 물이 끓으면서 증발하지 않도록 버터가 녹으면 바로 불을 끄도록 한다.

2 나무주걱으로 둥글게 뭉쳐질 때까지 세게 젓는다. 팬의 안쪽에 반죽이 남지 않아야 한다. 처음엔 반죽에 물기가 많은 듯하지만 저을수록 한 덩어리로 뭉쳐진다. 이 단계에서 반죽을 잘 젓는 것이 중요하다. 5분간 식힌다.

3 달걀을 볼에 담아 거품기로 젓는다. 만든 반죽에 조금씩 넣으며, 나무 주걱 또는 거품기로 젓는다. 분리된 듯 보이지만, 계속 저으면 하나의 반죽으로 다시 뭉쳐진다. 계속해서 세게 저으면 끈적한 페이스트 같은 슈 페이스트리 반죽을 만들 수 있다. (슈 페이스트리를 만들 때 2번에 나눠서 만들면 좀 더 쉽게 만들 수 있다)

오븐

200℃(400℉)로 예열한다.

만들기

1 완성된 슈 페이스트리를 짤주머니에 담고, 팬 위에 약 80개 정도의 작은 공 모양으로 짠다. 깨끗이 씻은 손을 적신 후, 공 모양으로 짠 페이스트리의 뾰족한 봉우리 부분을 둥글게 한다. 오븐에 물을 약간 뿌려 수증기를 발생시킨 후, 오븐에 넣어 10분 동안 굽는다.

2 오븐의 온도를 180℃(350℉)로 내린 후, 10~15분간 구워 바삭한 식감을 나도록 한다. 수증기가 나가도록 구운 슈 페이스트리에 구멍을 뚫은 후, 식힘망에 얹어 식힌다. 한 번에 여러 팬을 넣어 구워도 되나, 위치에 따라 굽는 시간이 조금씩 다를 수 있다. 식으면 슈 페이스트리의 바닥 부분에 날카로운 칼로 작은 구멍을 만든다.

3 생크림, 슈거파우더, 바닐라를 거품기로 저어 단단한 거품을 만든다. 짤주머니에 넣어 슈 페이스트리에 필링을 소량 짜 넣는다. 마분지로 40cm 높이, 18cm 지름의 원뿔 모양을 만든 후, 바닥에 닿는 부분이 평평하게 되도록 다듬는다. 바닥 부분을 가로질러 투명 테이프를 붙여 고정시킨 후, 케이크 스탠드에 올린다.

4 설탕을 소스팬에 넣고 중불에서 녹인다. 양이 많으므로 2개의 소스팬에 나눠서 하면 좀 더 쉽게 빨리 할 수 있다. 젓지 말고 팬을 빙빙 돌려야 하며, 설탕이 타지 않도록 주의한다. 설탕이 다 녹으면 집게로 구운 슈 페이스트리를 조심스럽게 담근다. 마분지로 만든 원뿔의 아랫부분부터 붙여 나간다. 시럽이 굳으면 다시 데워 사용한다. 타워가 완성되면 남은 시럽에 포크를 담갔다 타워 위에서 돌리면 가느다란 실 같은 장식을 만들 수 있다.

5 시간이 지날수록 실같이 만든 설탕 장식이 점점 무너지므로 바로 먹는다.

CHOCOLATE GUINNESS CAKE

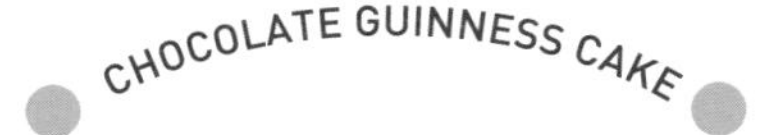

초콜릿 기네스 케이스

기네스 맥주는 초콜릿 풍미가 강하며, 달콤한 설탕과 상반되는 짭조름한 쓴맛을 느낄 수 있는 맥주입니다.
기네스 맥주와 코코아, 녹인 초콜릿, 초콜릿 칩을 듬뿍 넣어 만든 이 케이크는 파티 또는 생일 케이크로 제격입니다.

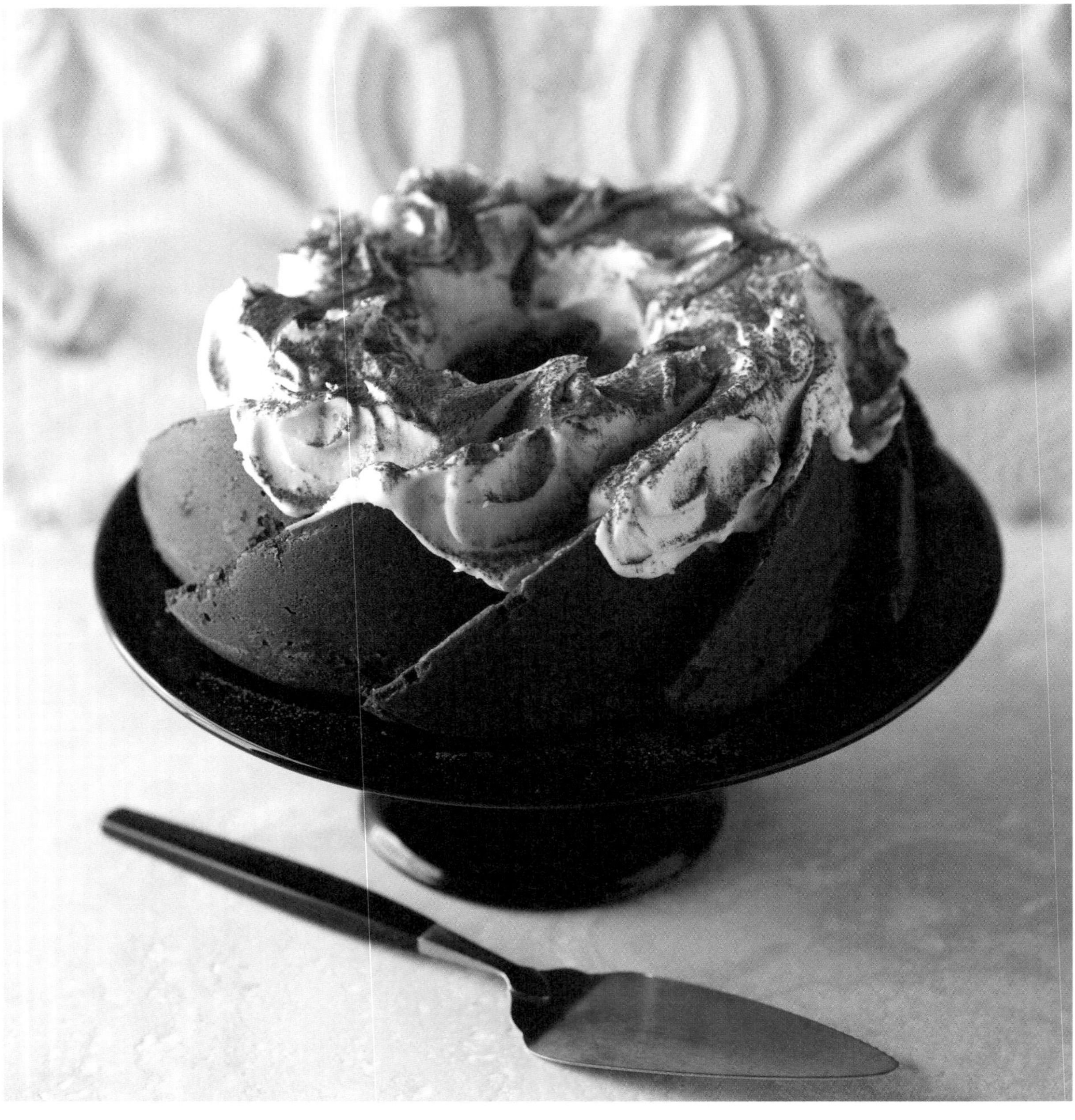

10인용 재료

부드러운 버터 250g

흑설탕 250g

바닐라빈 파우더 ½작은술 또는 퓨어 바닐라 익스트랙트 1작은술

달걀 2개

녹인 다크초콜릿 100g

셀프 라이징 밀가루 280g

체 친 제과용 코코아파우더 50g

기네스 또는 흑맥주 250ml

사워크림 150ml

화이트초콜릿칩 100g

프로스팅

체 친 슈거파우더 300g

부드러운 버터 1큰술

마스카르포네 치즈 2큰술

우유(필요에 따라)

버터를 바른 25cm 링 모양의 번트팬

오븐

180℃(350℉)로 예열한다.

만들기

1 버터와 흑설탕을 저어 크림 상태로 만든다. 바닐라와 달걀을 넣고 계속 젓는다. 녹인 초콜릿, 밀가루, 코코아, 기네스, 사워크림을 저어 잘 섞는다. 마지막으로 초콜릿을 넣고 섞은 후, 준비한 팬에 담는다.

2 예열한 오븐에 넣어 30~40분 동안 굽는다. 잘 구워진 케이크는 손가락으로 눌렀을 때 쉽게 꺼지지 않고 서서히 제 모습으로 돌아온다. 또 케이크 가운데를 칼로 살짝 찔러보았을 때 반죽이 묻어 나오지 않는다. 오븐에서 꺼내 팬에서 분리하지 않은 채로 완전히 식힌다. 분리하기 쉽도록 케이크 가장자리를 조심스럽게 칼로 둘러준다. 분리한 케이크는 식힘망에 올린다.

3 슈거파우더, 버터, 마스카르포네 치즈를 거품기로 매끈하고 걸쭉한 상태로 만든다. 프로스팅이 뻑뻑하다면 우유를 넣어 농도를 조절한다.

4 케이크 스탠드에 케이크를 올리고, 프로스팅을 윗면에 바른다. 코코아가루를 그 위에 뿌려 장식한다.

보관하기

이 케이크는 밀폐용기에 담아 2일간 보관 가능하다.

시즌 케이크

PART 6

LEMON AND LAVENDER CAKES

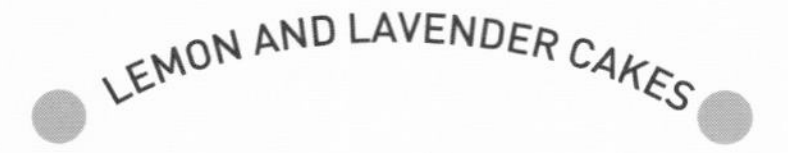

레몬 & 라벤더 케이크

보라색 그러데이션 스펀지 위에 설탕으로 코팅한 라벤더로 장식한 작고 귀여운 케이크입니다.
크림치즈로 만든 버터 그림과 라벤더 레몬 커드로 채워 여름 티 파티에 더없이 잘 어울립니다.

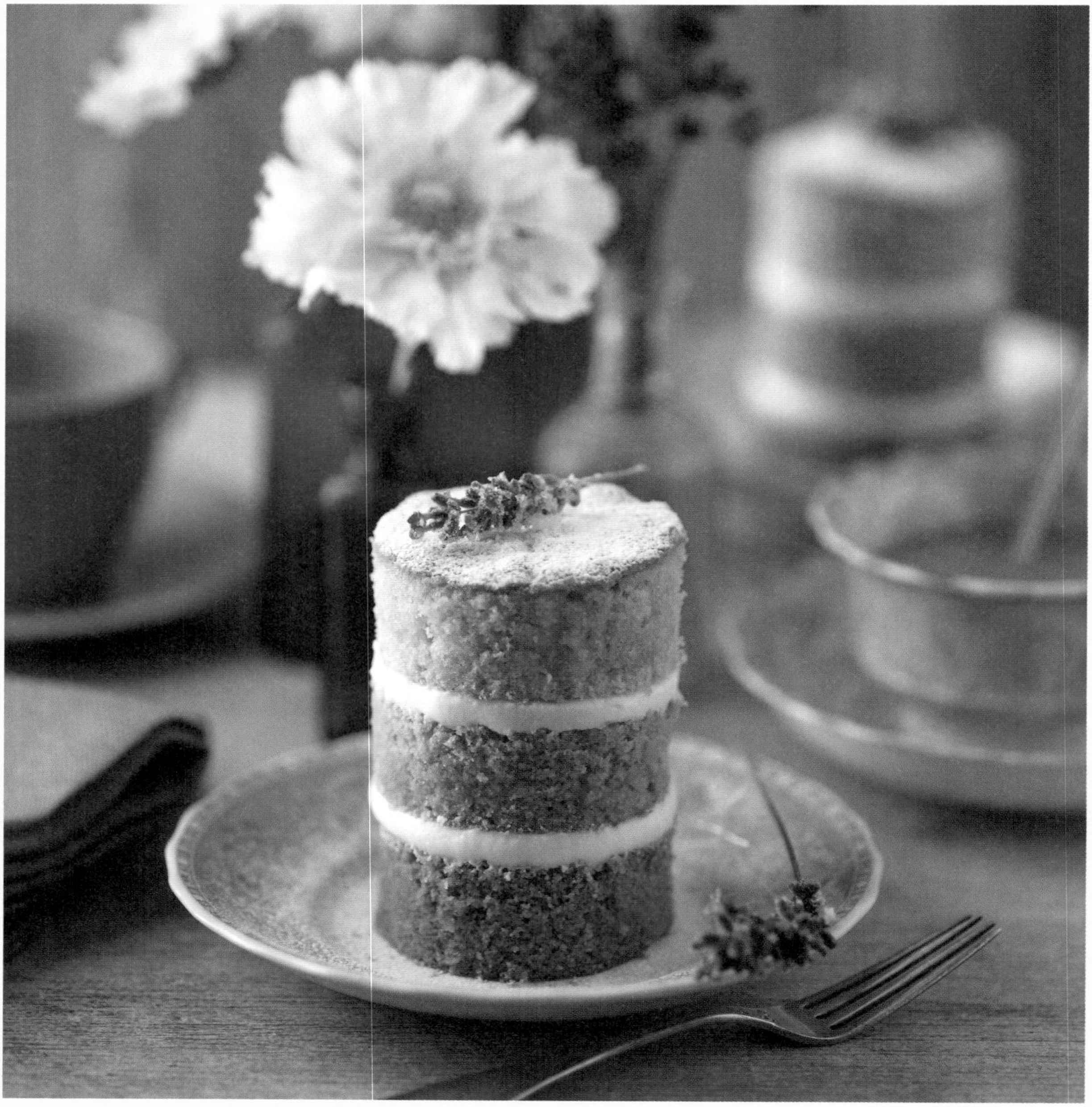

레몬 제스트(3개 분량)

달걀 6개 케이크 반죽 ▶13페이지 참고

보라색 식용색소 젤

슈거파우더 장식용

라벤더

라벤더 10줄기, 달걀흰자 1개, 캐스터슈거

드리즐과 커드

레몬즙(5개 분량), 식용 가능한 라벤더 1작은술

슈거파우더 2큰술, 레몬커드 3큰술

버터 크림

체 친 슈거파우더 250g

크림치즈 1작은술, 부드러운 버터 15g

레몬즙(1개 분량)

붓

실리콘 매트 또는 유산지를 깐 팬

버터를 바르고 유산지를 깐 20cm 원형 케이크팬 3개

6½cm 커터

짤주머니와 작은 원형 깍지

준비하기 : 설탕 코팅한 라벤더 만들기

1 라벤더를 하루 전날 말린다.
2 달걀흰자를 하얗게 거품이 일어날 때까지 거품기로 저어준다. 붓으로 달걀흰자를 붓으로 꽃과 줄기에 바르고, 설탕을 뿌린다.
3 같은 방법으로 남은 꽃을 모두 코팅 한 후, 준비한 팬 위에 올려 따뜻한 곳에 하루 두어 말린다. 다 마른 꽃은 밀폐용기에 담아 보관한다.

오븐

180℃(350℉)로 예열한다.

만들기

1 레몬 제스트를 케이크 반죽에 넣고 섞는다. 반죽의 ⅓을 준비한 케이크팬에 담는다. 식용색소 몇 방울을 반죽에 넣고 섞어 연보라색을 만든다. 반죽의 반을 두 번째 케이크팬에 담는다. 남은 반죽에 식용색소를 넣어 진한 보라색을 만든 다음, 마지막 케이크팬에 담는다.
2 예열한 오븐에 넣어 25~30분간 굽는다.
3 레몬즙, 라벤더, 슈거파우더를 소스팬에 넣고, 중불에서 녹여 시럽을 만든다. 만든 시럽 1큰술을 레몬 커드에 넣고 섞는다. 남은 시럽은 케이크 위에 뿌리고, 케이크팬째로 식힌다.
4 케이크가 식으면 팬에서 케이크를 분리한다. 케이크 하나를 도마에 올리고, 커터로 5개의 원형 케이크를 찍는다. 찍고 남은 부분은 버린다. (남은 부분은 냉동 보관하였다가, 트러플이나 케이크 팝 만들 때 사용해도 된다.) 남은 두 케이크도 커터로 5개씩 찍는다. 자른 케이크는 가로로 반으로 자른다. 각 색마다 10개씩의 원형 케이크로 총 30개의 케이크가 있어야 한다.
5 슈거파우더, 크림치즈, 버터, 레몬즙을 거품기로 저어 매끈하고 걸쭉한 버터 크림을 만든다.
6 버터 크림을 짤주머니에 담는다. 진보라색 케이크 10개 위에 가장자리를 따라 원형으로 버터 크림을 짠다. 라벤더 레몬 커드 1작은술을 가운데 얹고, 연보라색 케이크를 얹는다. 같은 방법으로 버터 크림과 레몬 커드를 얹는다. 마지막으로 플레인 케이크를 그 위에 올린다. 슈거파우더를 뿌리고, 설탕 코팅한 라벤더를 얹는다. 라벤더 줄기는 먹을 수 없으므로 먹기 직전에 제거한다.

보관하기

밀폐용기에 담아 3일간 보관 가능하며, 만든 당일에 먹는 것이 가장 좋다.

GINGER CAKE WITH MASCARPONE

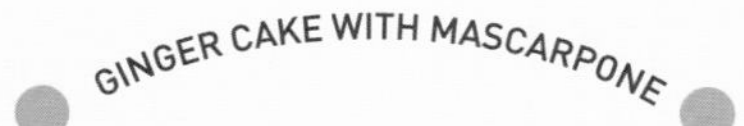

마스카르포네와 메리 골드를 얹은 진저 케이크

강렬하고 선명한 컬러의 메리골드는 어떤 케이크도 예쁘게 만드는 꽃입니다.
간 당근과 생강으로 만든 케이크에 마스카르포네 치즈를 얹어 소박하고, 은은한 생강향이 돋보입니다.

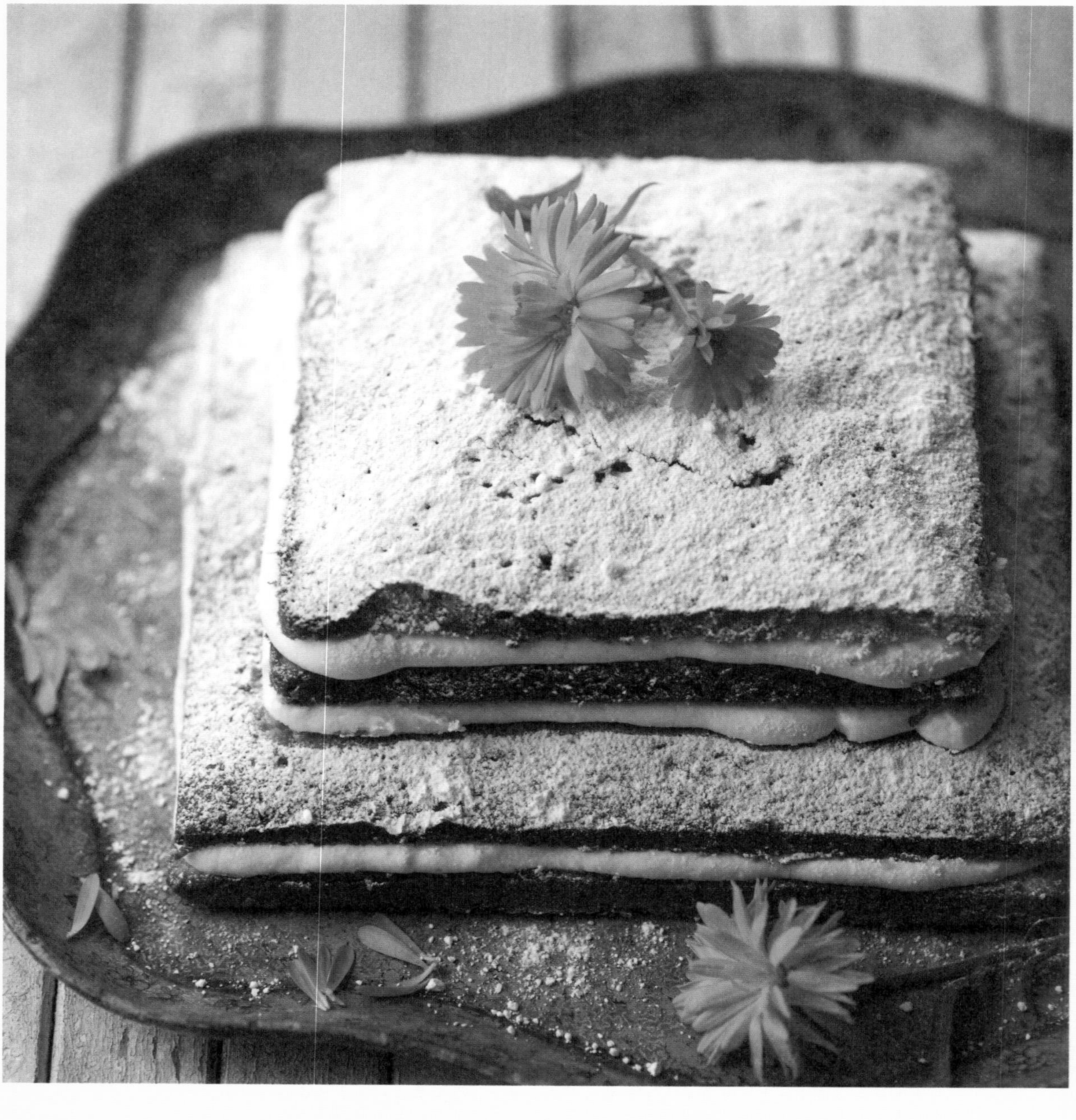

18인용 재료

생강가루 2작은술

시럽에 재운 생강 6개와 생강 시럽 3큰술

껍질 제거하고 채 썬 큰 당근 3개

달걀 6개 케이크 반죽 ▶13페이지 참고

슈거파우더 장식용

메리골드 등의 식용으로 쓸 수 있는 무농약 꽃

마스카르포네 크림

마스카르포네 치즈 125g

체 친 슈거파우더 450g

부드러운 버터 50g

우유 3~4큰술

버터를 바르고 유산지를 깐 20cm 분리형 사각 케이크팬과 25cm 분리형 사각 케이크팬

짤주머니와 큰 원형 깍지

오븐

180℃(350℉)로 예열한다.

만들기

1 생강가루, 절인 생강과 시럽, 체 친 당근을 케이크 반죽에 넣고 섞는다. 큰 케이크팬에는 반죽의 ⅔를 담고, 작은 팬에는 남은 반죽 ⅓을 담는다. 이때 두 개의 케이크 높이가 비슷해야 한다.

2 예열한 오븐에 넣어 갈색 빛이 날 때까지 30~40분간 굽는다. 잘 구워진 케이크는 손가락으로 눌렀을 때 쉽게 꺼지지 않고 서서히 제 모습으로 돌아온다. 또 케이크 가운데를 칼로 살짝 찔러보았을 때 반죽이 묻어 나오지 않는다. 오븐에서 꺼낸 상태로 살짝 식힌 뒤, 팬에서 케이크를 분리해 식힘망 위에 올려 완벽하게 식힌다.

3 마스카르포네 치즈, 슈거파우더, 버터, 우유를 믹싱볼에 넣어 거품기로 젓는다. 계속 저어가며 우유를 조금씩 넣는다. 우유는 모두 넣을 필요는 없으며, 매끈하고 걸쭉한 상태가 되면 그만 넣어도 된다. 거품기로 들어 올렸을 때 뾰족한 봉우리 모양이 되면 알맞은 상태이다. 완성된 마스카르포네 크림을 짤주머니에 담는다.

4 긴 빵칼을 이용해 구운 케이크를 가로로 반 자른다. 큰 케이크의 아랫부분을 케이크 스탠드에 올리고, 가장자리를 따라 버터 크림을 짠다. 가운데에 버터 크림을 얹고 가장자리에 짠 버터 크림 안쪽으로 얇게 펴 바른다. 큰 케이크의 윗부분을 올리고, 슈거파우더를 뿌린다. 케이크의 윗면에 버터 크림을 소량 펴 바르고, 작은 케이크의 아랫부분을 얹는다. 케이크의 가장자리를 따라 짤주머니로 버터 크림 짜고, 케이크를 얹고, 슈거파우더를 뿌리는 과정을 반복한다.

5 위생적이며 신선한 메리골드로 장식한다. (농약을 뿌리지 않은) 꽃잎은 먹을 수 있지만, 줄기 등의 그 외 부분은 먹어서는 안 된다. 케이크를 자르기 전에 반드시 제거하도록 한다. 특히 안정성이 확인되지 않은 꽃은 절대 먹지 않도록 한다.

보관하기

밀폐용기에 담아 3일간 보관 가능하며, 만든 당일에 먹는 것이 가장 좋다.

RHUBARB AND CUSTARD CAKE

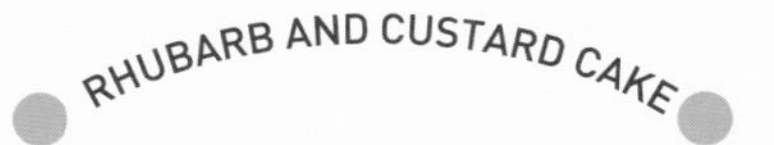

루바브 커스터드 케이크

어릴 적 즐겨 먹던 기억 속 루바브대황와 커스터드에서 아이디어를 얻어 만든 케이크입니다.
부드러운 커스터드와 데친 루바브로 속을 채우고, 예쁜 분홍색의 루바브 륄로 장식하여 매혹적입니다.

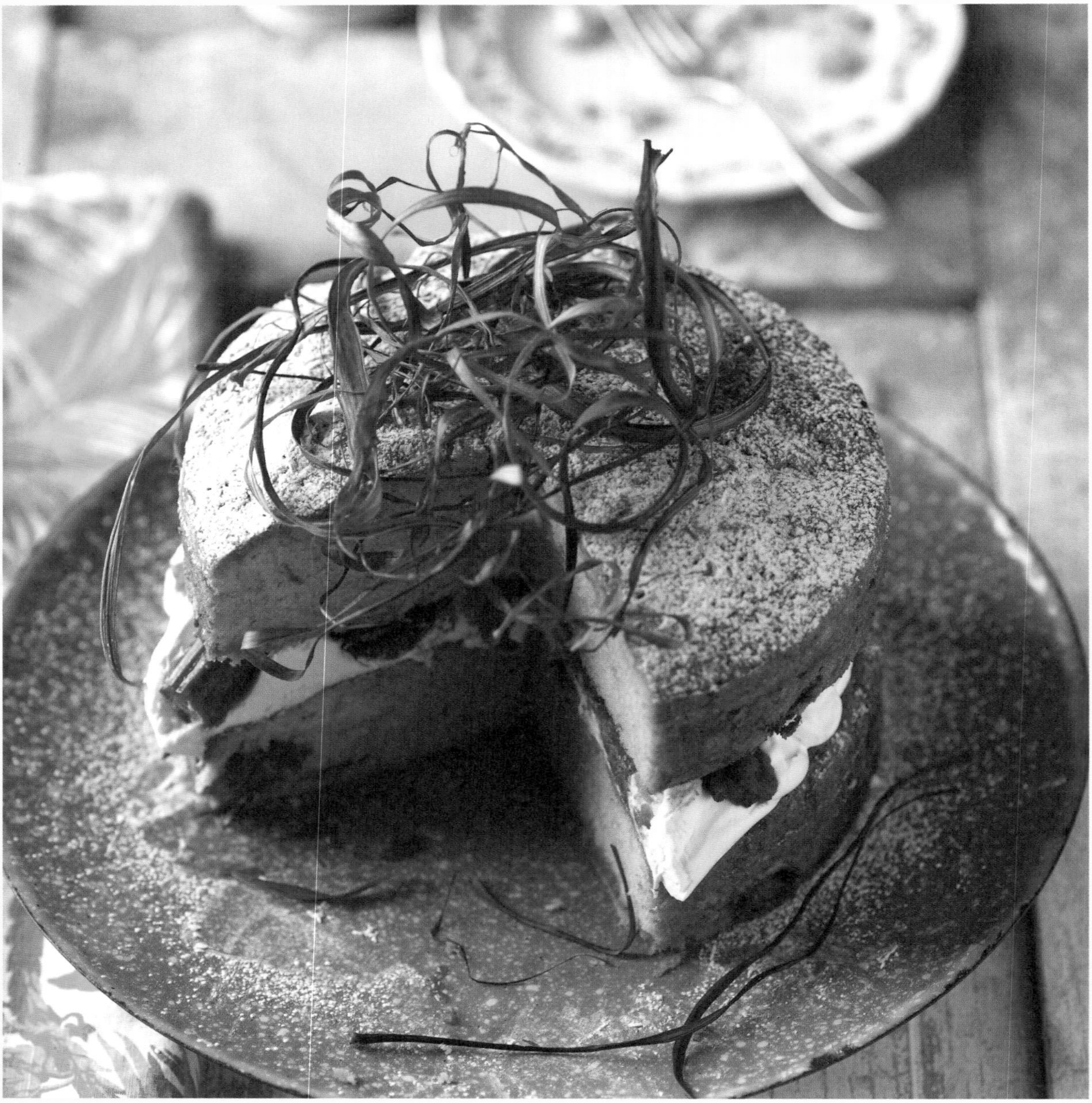

바닐라빈 페이스트 ½작은술
또는 바닐라 익스트랙트 1작은술
달걀 4개 케이크 반죽 ▶13페이지 참고
슈거파우더 장식용

구운 루바브

다듬은 후 3cm 크기로 다진 루바브 600g(완벽한 분홍색)
캐스터슈거 80g
바닐라빈 파우더 1작은술

루바브 튈

루바브 2줄기
분홍색 식용색소
1개 분량의 레몬즙
캐스터슈거 1큰술

커드타드 크림

생크림 200ml
커스터드 완제품 3큰술
바닐라빈 파우더 1작은술

야채 필러
실리콘 매트 또는 유산지를 깐 베이킹팬
버터를 바르고 유산지를 깐 20cm 원형 케이크팬 2개

준비하기 : 루바브 튈 만들기

루바브 튈을 만드는 데는 하루 정도가 소요되므로 미리 만들어 놓자.

1 루바브의 끝부분을 자르고, 얇은 줄 모양이 되도록 필러로 벗긴다.
2 분홍색 식용색소, 물, 레몬즙, 설탕을 넣은 큰 팬에 자른 루바브 줄기를 넣는다. 그리고 루바브가 부드러워질 때까지 2~3분간 약불에서 익힌다.
3 준비한 베이킹팬 위에 루바브 줄기를 구불구불한 모양이 되도록 꼬아서 놓는다. 따뜻한 곳에 놓아 바삭해질 때까지 하루 정도 말린다. 마른 루바브는 쉽게 부서지므로 밀폐용기에 담아 보관한다.

오븐

180℃(350℉)로 예열한다.

만들기

1 오븐용 용기에 루바브, 설탕, 물 1큰술, 바닐라를 담는다. 루바브가 부드러워지도록 20~25분간 구운 후 식힌다. 오븐은 계속해서 케이크를 구워야 하므로 그대로 둔다.
2 케이크 반죽에 바닐라를 넣고 섞은 후, 구운 루바브 절반과 부드럽게 섞는다. 준비한 케이크팬에 같은 양으로 나눠 담는다.
3 예열한 오븐에 넣어 갈색 빛이 날 때까지 25~30분 동안 굽는다. 잘 구워진 케이크는 손가락으로 눌렀을 때 쉽게 꺼지지 않고 서서히 제 모습으로 돌아온다. 또 케이크 가운데를 칼로 살짝 찔러보았을 때 반죽이 묻어 나오지 않는다. 오븐에서 꺼낸 상태로 살짝 식힌 뒤, 팬에서 케이크를 분리해 식힘망 위에 올려 완벽하게 식힌다.
4 생크림, 커스터드, 바닐라를 거품기로 저어 커스터드 크림을 만든다. 거품기로 들어 올렸을 때 뾰족한 봉우리 모양이 되어야 한다.
5 케이크 스탠드에 케이크를 올리고, 그 위에 커스터드 크림을 펴 바른다. 물기를 뺀 구운 루바브를 얹는다. 두 번째 케이크를 올리고, 슈거파우더를 뿌리고 루바브 튈로 장식한다.

보관하기

바로 먹거나 냉장 보관한다. 크림 케이크이니 만든 당일 먹는 것이 좋으며, 냉장고에서 2일간 보관 가능하다.

CHOCOLATE CHESTNUT CAKE

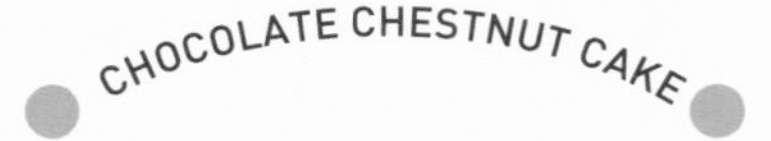

초콜릿 체스넛 케이크

밤과 초콜릿, 바닐라 등 3가지 스펀지케이크 사이에 밤 버터 크림을 채우고 윤기 나는 초콜릿과 밤으로 장식한 케이크입니다. 달콤하게 절인 밤은 케이크 장식으로 충분한 가치가 있습니다.

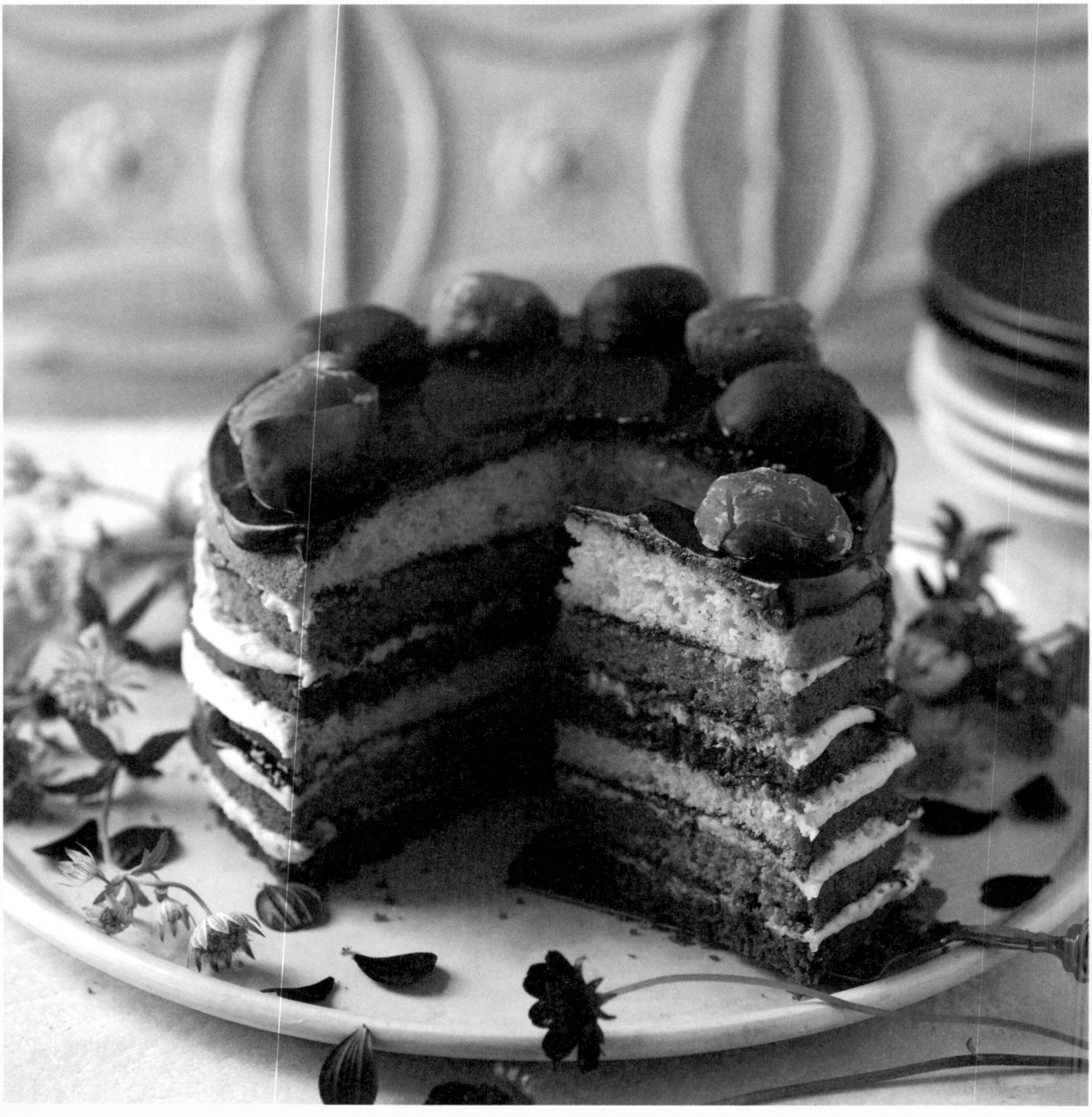

달걀 6개 달걀 케이크 반죽 ▶13페이지 참고
체 친 제과용 코코아파우더 40g
밤 퓌레 80g
퓨어 바닐라 익스트랙트 1작은술
절인 밤 10개
녹인 다크초콜릿 100g

버터 크림

체 친 슈거파우더 250g
부드러운 버터 1큰술
밤 퓌레(가당) 150g
크림치즈 70g
우유 약간(필요에 따라)

가나슈

생크림 60ml
다크초콜릿 200g
버터 15g
골든 시럽(옥수수 시럽) 1큰술

버터를 바르고 유산지를 깐 20cm 원형 케이크팬 3개

오븐

180℃(350℉)로 예열한다.

만들기

1 케이크 반죽을 동일한 양으로 3개의 볼에 나눠 담는다. 첫 번째 볼에 준비한 코코아파우더 ¾을 넣고 섞는다. 밤 퓌레와 남은 코코아파우더를 두 번째 볼에 넣어 섞는다. 마지막 볼에는 바닐라 익스트랙트를 넣어 섞는다.

2 준비한 케이크팬에 각각 담아, 갈색 빛이 날 때까지 25~30분간 굽는다. 잘 구워진 케이크는 손가락으로 눌렀을 때 쉽게 꺼지지 않고 서서히 제 모습으로 돌아온다. 또 케이크 가운데를 칼로 살짝 찔러보았을 때 반죽이 묻어 나오지 않는다. 오븐에서 꺼낸 상태로 살짝 식힌 뒤, 팬에서 케이크를 분리해 식힘망 위에 올려 완벽하게 식힌다.

3 생크림, 초콜릿, 버터, 시럽을 내열 볼에 담는다. 기포가 올라올 정도의 끓는 물 위에 볼이 물에 닿지 않도록 얹고, 부드럽고 윤기 나는 소스가 될 때까지 저어준다. 냄비에서 볼을 내려 살짝 식힌다.

4 슈거파우더, 버터, 밤 퓌레, 크림치즈를 거품기로 저어 가벼운 크림 상태로 만든다. 버터 크림이 뻑뻑하다면 우유를 넣어 농도를 조절한다.

5 구운 케이크를 가로로 반 자른다. 케이크 스탠드 위에 초콜릿, 밤, 바닐라 3가지 케이크를 순서대로 반복해서 올리고, 그 사이에 버터 크림과 초콜릿 가나슈로 채운다.

6 남은 가나슈를 케이크의 윗면에 바른다. 절인 밤과 녹인 초콜릿에 반만 담근 절인 밤을 번갈아가며 케이크 윗면에 둥근 모양으로 얹어 장식한다. 이때 케이크 윗면의 가나슈가 살짝 굳어 걸쭉한 상태여야 절임 밤을 얹었을 때 고정이 잘 된다.

보관하기

이 케이크는 밀폐용기에 담아 2일간 보관 가능하다.

BLACKBERRY AND APPLE CAKE

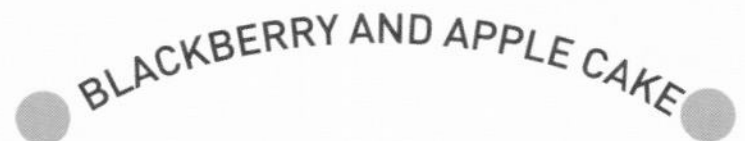

시나몬 버터 크림을 채운 블루베리 & 사과 케이크

생기 넘치는 분홍색 장미와 싱싱한 블랙베리를 얹어 간단하게 만들 수 있는 케이크입니다. 사과향 가득한 케이크 사이에 맛있는 계피 버터 크림과 사과 퓌레를 채운 케이크로, 제철을 맞은 사과와 블랙베리를 사용하면 더 맛있습니다.

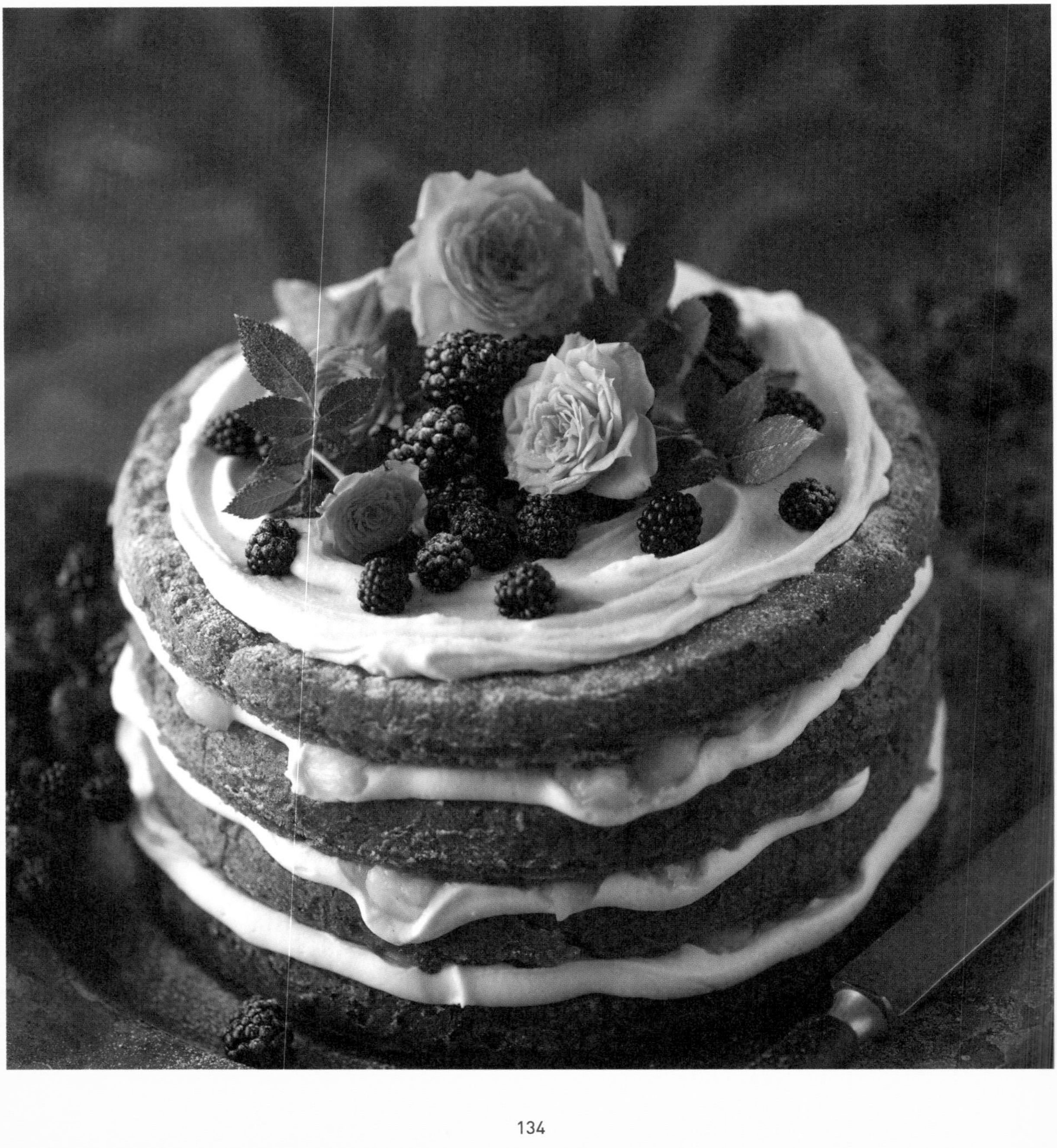

16인용 재료

4개 분량의 껍질과 씨를 제거하고 체 썬 사과
달걀 6개 케이크 반죽 ▶13페이지 참고
블랙베리 200g
분홍색 장미 등의 식용으로 쓸 수 있는 무농약 꽃

사과 퓌레

사과 5개
캐스터슈거 50g
버터 15g

버터 크림

체 친 슈거파우더 450g과 장식용 약간
부드러운 버터 100g
계핏가루 1작은술
우유 3~4큰술(필요에 따라)

버터를 바르고 유산지를 깐 23cm 분리형 원형 케이크팬(스프링폼 케이크팬) 2개

준비하기 : 퓌레 만들기

퓌레는 식히는 데 시간이 필요하므로 퓌레를 먼저 만든다. 껍질과 씨를 제거한 사과를 잘게 다진다. 다진 사과, 설탕, 물 60ml를 소스팬에 넣고 약불에서 끓인다. 사과가 무를 정도가 될 때까지 끓으면 버터를 넣고 녹여 식힌다.

오븐

180℃(350℉)로 예열한다.

만들기

1 계핏가루와 체 친 사과를 케이크 반죽에 넣고 섞은 후, 준비한 케이크팬에 같은 양으로 나눠 담는다.
2 예열한 오븐에 넣어 30~40분간 굽는다. 잘 구워진 케이크는 손가락으로 눌렀을 때 쉽게 꺼지지 않고 서서히 제 모습으로 돌아온다. 또 케이크 가운데를 칼로 살짝 찔러보았을 때 반죽이 묻어 나오지 않는다. 오븐에서 꺼낸 상태로 살짝 식힌 뒤, 팬에서 케이크를 분리해 식힘망 위에 올려 완벽하게 식힌다.
3 슈거파우더, 버터, 계핏가루를 거품기로 저어 걸쭉한 크림 상태로 만든다. 거품기로 들어 올렸을 때 뾰족한 봉우리 모양이면 적당한 상태이다. 버터 크림이 너무 뻑뻑하다면 우유를 넣어 농도를 조절한다.
4 구운 케이크를 긴 빵칼로 가로로 반 자른다. 반으로 자른 케이크 하나를 케이크 스탠드에 올리고, 그 위에 버터 크림과 사과 퓌레 ⅓로 덮는다. 4개 층의 케이크가 될 때까지 케이크, 버터 크림 사과 퓌레를 얹는 작업을 반복한다. 사과 퓌레는 다 사용하도록 한다.
5 남은 버터 크림을 케이크의 중앙에 바르고, 슈거파우더를 살짝 뿌린다. 버터 크림 위에 블랙베리와 장미로 장식하고, 바로 제공한다. 식용 장미가 아닐 경우, 케이크를 자르기 전에 반드시 제거하도록 한다. 가급적 장식 목적으로만 사용하고, 특히 안정성이 확인되지 않은 꽃은 절대 먹지 않도록 한다.

보관하기

먹기 바로 전에 과일과 꽃 장식을 해야 가장 보기 좋으며, 밀폐용기에 담아 3일간 보관 가능하다.

PUMPKIN CAKE

호박 케이크

호박 퓌레의 촉촉함과 우아하다고 느껴질 정도로 은은한 생강과 계피의 향을 느낄 수 있는 케이크입니다.
호박씨로 만든 설탕 장식을 올려 가을에 잘 어울립니다.

호박 퓌레 250g

바닐라빈 파우더 ½작은술 또는 퓨어 바닐라 익스트랙트 1작은술

애플파이 스파이스 1작은술

생강가루 1작은술

계핏가루 1작은술

정향 가루 약간

달걀 6개 케이크 반죽 ▶13페이지 참고

버터 크림

체 친 슈거파우더 350g

크림치즈 1큰술

부드러운 버터 1큰술

우유 약간(필요에 따라)

장식

캐스터슈거(슈퍼파인 슈거) 100g

호박씨 1큰술

가나슈

생크림 60ml

다크초콜릿 200g

버터 15g

골든 시럽(옥수수 시럽) 1큰술

버터를 바르고 유산지를 깐 23cm 스프링폼 케이크팬

실리콘 매트 또는 유산지를 깐 베이킹팬

오븐

180℃(350℉)로 예열한다.

만들기

1 호박 퓌레, 바닐라, 향신료를 케이크 반죽에 넣고 섞는다. 준비한 케이크팬에 반죽을 나눠 담는다.

2 예열한 오븐에 넣어 30~40분간 굽는다. 잘 구워진 케이크는 손가락으로 눌렀을 때 쉽게 꺼지지 않고 서서히 제 모습으로 돌아온다. 또 케이크 가운데를 칼로 살짝 찔러보았을 때 반죽이 묻어 나오지 않는다. 오븐에서 꺼낸 상태로 살짝 식힌 뒤, 팬에서 케이크를 분리해 식힘망 위에 올려 완벽하게 식힌다.

3 설탕을 소스팬에 넣고 약불에서 연한 갈색 빛이 날 때까지 녹인다. 젓지 말고, 팬을 빙빙 돌려 설탕을 계속 움직여 준다. 녹기 시작하면서부터 타기 쉬우므로 주의해야 한다.

4 설탕이 캐러멜로 변하자마자 호박씨를 흩뿌리고, 준비한 베이킹팬에 붓는다. 굳도록 식힌다. 다 굳으면 부수어서 장식용 조각을 만든다.

5 슈거파우더, 크림치즈, 버터를 거품기로 저어 가벼운 크림 상태의 버터 크림을 만든다. 버터 크림이 뻑뻑하다면 우유를 넣어 농도를 조절한다.

6 생크림, 초콜릿, 버터, 시럽을 내열 볼에 담는다. 냄비의 물이 기포가 올라올 정도의 끓는 물 위에 볼이 물에 닿지 않게 얹고, 초콜릿이 녹아 부드럽고 윤기 나는 소스가 되도록 젓는다. 냄비에서 볼을 내려 살짝 식힌다.

7 케이크 스탠드에 케이크를 올리고, 팔레트 나이프 또는 금속 스패츌러로 버터 크림을 골고루 바른다. 그 위에 설탕 조각 장식을 얹어 장식한다.

보관하기

밀폐용기에 담아 3일간 보관 가능하며, 만든 당일에 먹는 것이 가장 좋다. 설탕 조각 장식은 제공 직전에 장식해야 한다.

HAZELNUT HARVEST CAKE

헤이즐넛 하베스트 케이크

설탕 공예와 헤이즐넛 버터 크림 때문에 언제나 인기가 좋은 케이크입니다.
헤이즐넛 대신 땅콩이나 호두를 사용해도 좋습니다.

헤이즐넛 버터 또는 헤이즐넛 피넛 버터 2큰술
달걀 4개 케이크 반죽 ▶13페이지 참고
구워 다진 헤이즐넛 50g

헤이즐넛 버터 크림
헤이즐넛 버터 또는 헤이즐넛 스프레드 1큰술
체 친 슈거파우더 250g
부드러운 버터 15g
우유 약간(필요에 따라)

헤이즐넛 캔디
캐스터슈거 100g
헤이즐넛 14개

버터를 바르고 유산지를 깐 18cm 바닥 분리형 원형 케이크팬
나무 꼬치 14개
실리콘 매트 또는 유산지를 깐 베이킹팬
큰 원형 깍지를 낀 짤주머니

오븐

180℃(350℉)로 예열한다.

만들기

1 헤이즐넛 버터를 케이크 반죽에 넣고 거품기로 저은 후, 다진 헤이즐넛을 넣고 섞는다.

2 준비한 케이크팬에 반죽을 담고, 예열한 오븐에 넣어 40~50분간 굽는다. 잘 구워진 케이크는 손가락으로 눌렀을 때 쉽게 꺼지지 않고 서서히 제 모습으로 돌아온다. 또 케이크 가운데를 칼로 살짝 찔러보았을 때 반죽이 묻어 나오지 않는다. 오븐에서 꺼낸 상태로 살짝 식힌 뒤, 팬에서 케이크를 분리해 식힘망 위에 올려 완벽하게 식힌다.

3 헤이즐넛 버터, 슈거파우더, 버터를 거품기로 저어 매끈하고 걸쭉한 버터 크림을 만든다. 버터 크림이 너무 뻑뻑하다면 우유를 넣어 농도를 조절한다.

4 설탕을 소스팬에 넣고 약불에서 연한 갈색 빛이 날 때까지 녹인다. 젓지 말고, 팬을 빙빙 돌려 설탕을 계속 움직여 준다. 녹기 시작하면서부터 타기 쉬우므로 주의해야 한다. 설탕이 캐러멜 색으로 변하면, 불을 끄고, 걸쭉한 상태가 될 때까지 살짝 식힌다.

5 꼬치에 헤이즐넛을 한 개 꽂고, 하나씩 캐러멜에 담근다. 담갔다가 팬에서 멀리 당겨 한 가닥의 실 같은 캐러멜 장식을 만든다. 헤이즐넛을 아래로 향하게 잠시 들고 있다가 캐러멜이 굳기 시작하면 준비한 베이킹팬에 얹어 완전히 굳도록 식힌다. 나머지 헤이즐넛도 같은 방법으로 캐러멜 장식을 만든다. (한 명이 캐러멜에 담근 헤이즐넛이 굳을 때까지 잡고 있는 것을 도와준다면, 캐러멜이 굳기 전에 이 작업을 마칠 수 있다.) 캐러멜이 뻑뻑한 상태가 되면, 다시 팬에 담아 재가열한다. 헤이즐넛 캔디는 상온에 장시간 두면 끈적거리므로 너무 앞서 만들어 두지 않는다.

6 헤이즐넛 버터 크림을 짤주머니에 담는다. 구운 케이크를 가로로 자르고, 아랫부분을 케이크 스탠드에 올린다. 헤이즐넛 버터 크림을 케이크 위에 짜 올리고, 케이크를 얹는다. 케이크 윗면에 버터 크림을 작은 봉우리 모양으로 짜고, 헤이즐넛 캔디를 둥글게 꽂아 장식한다.

보관하기

이 케이크는 밀폐용기에 담아 3일간 보관 가능하다.

COFFEE AND WALNUT CAKE

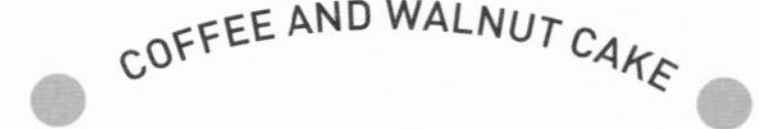

커피 & 호두 케이크

커피와 호두를 좋아하는 아버지를 위해 어버이날에 만들었던 케이크입니다.
윤기 나는 커피 아이싱과 호두 프랄린으로 장식하는데, 만드는 방법도 쉽고 간단하며 특별한 날에도 잘 어울립니다.

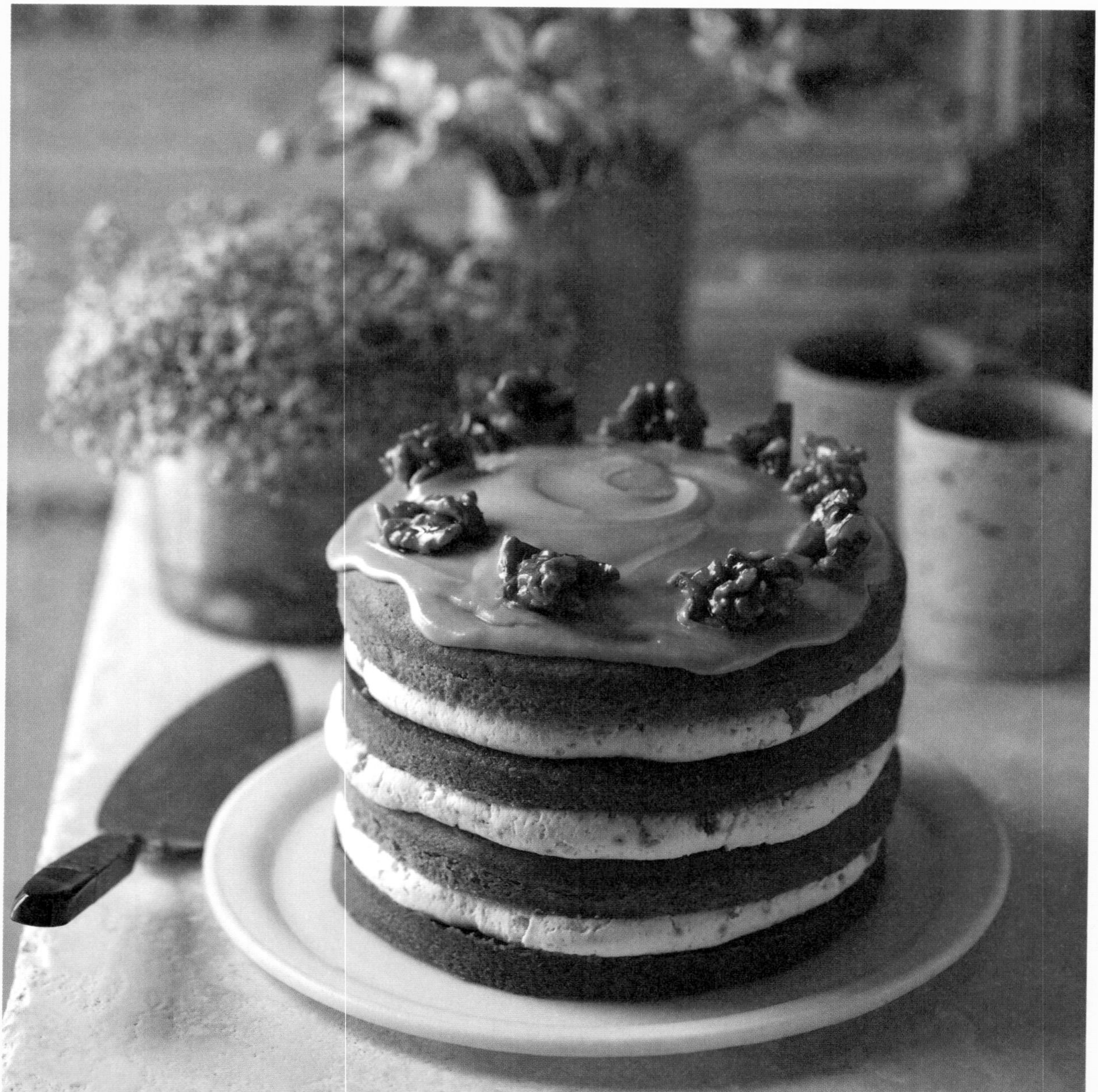

12인용
재료

반으로 자른 월넛 또는 다진 월넛 100g
달걀 6개 케이크 반죽 ▶13페이지 참고
커피 익스트랙트 1작은술
에스프레소 1샷
커피 소금 약간 또는 일반 소금 약간
생크림 500ml

프랄린
캐스터슈거 100g
반으로 자른 월넛 또는 다진 월넛 100g

글라세 아이싱
체 친 슈거파우더 200g
에스프레소 1샷
커피 익스트랙트 1작은술

버터를 바르고 유산지를 깐 23cm 원형 케이크팬 2개
실리콘 매트 또는 유산지를 깐 베이킹팬
푸드 프로세서
짤주머니와 별 모양 깍지

오븐

180℃(350℉)로 예열한다.

만들기

1 푸드 프로세서에 호두를 넣고 곱게 간다. 간 호두, 커피 익스트랙트, 에스프레소 커피, 커피 소금을 케이크 반죽에 넣고 섞는다. 준비한 팬에 같은 양으로 나눠 담는다.

2 예열한 오븐에 넣어 25~30분간 굽는다. 잘 구워진 케이크는 손가락으로 눌렀을 때 쉽게 꺼지지 않고 서서히 제 모습으로 돌아온다. 또 케이크 가운데를 칼로 살짝 찔러보았을 때 반죽이 묻어 나오지 않는다. 오븐에서 꺼낸 상태로 살짝 식힌 뒤, 팬에서 케이크를 분리해 식힘망 위에 올려 완벽하게 식힌다.

3 호두 프랄린을 만들어 보자. 설탕을 소스팬에 넣어, 약불에서 설탕이 타지 않도록 팬을 빙빙 돌리며 녹인다. 절대 젓지 않는다. 녹기 시작하면서부터 설탕이 타기 쉬우므로 주의해야 한다. 설탕이 캐러멜 색으로 변하면 바로 호두를 넣고, 준비한 베이킹팬에 붓는다.

4 호두 10개 정도는 일정 간격을 두고 놓고, 나머지는 뭉쳐 놓는다. 호두 10개 위에 캐러멜을 흩뿌려 장식을 만든다. 남은 호두 위에 캐러멜을 부어 식힌 후, 일부는 부수어 조각을 만들고, 남은 호두는 푸드 프로세서에 넣어 곱게 간다. 생크림과 섞은 후, 짤주머니에 넣어 사용하므로 간 프랄린은 깍지의 지름보다 작아야 한다.

5 생크림을 거품기로 저어 단단한 거품을 만든 후, 스패츌러로 갈은 프랄린과 섞는다. 완성된 프랄린 크림을 짤주머니에 담는다.

6 구운 케이크를 가로로 자른다. 케이크 스탠드에 자른 반쪽을 올리고, 그 위에 프랄린 크림을 짠다. 두 번째 케이크를 올리고, 프랄린 크림을 짠다. 같은 방법으로 4개의 케이크 층을 완성한다.

7 슈거파우더, 에스프레소, 커피 익스트랙트를 거품기로 저어 걸쭉하고 윤기 나는 아이싱을 만든다. 에스프레소는 조금씩 넣어가며 양을 조절한다. 팔레트 나이프 또는 메탈 스패츌러로 케이크 윗면에 아이싱을 펴 바른다.

보관하기

바로 먹거나 냉장고에 보관한다. 크림 케이크이니 만든 당일 먹는 것이 좋으며, 냉장고에서 2일간 보관 가능하다.

팁

커피 소금은 놀라울 만큼 이 케이크에 완벽하게 잘 어울린다. 커피 소금은 식료품 가게나 온라인을 통해 구매할 수 있다.

FESTIVE CRUMBLE CHRISTMAS CAKE

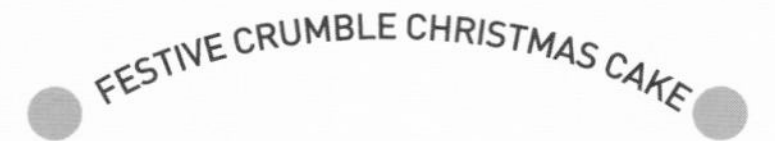

페스티브 크리스마스 케이크

크리스마스 케이크는 항상 인기지만, 전통적인 마지팬 케이크는 호불호가 갈립니다.
마지팬을 좋아하지 않는 사람들을 위해 구운 크럼블을 얹고 슈거파우더를 뿌려 마치 눈이 온 것처럼 장식한 케이크입니다.

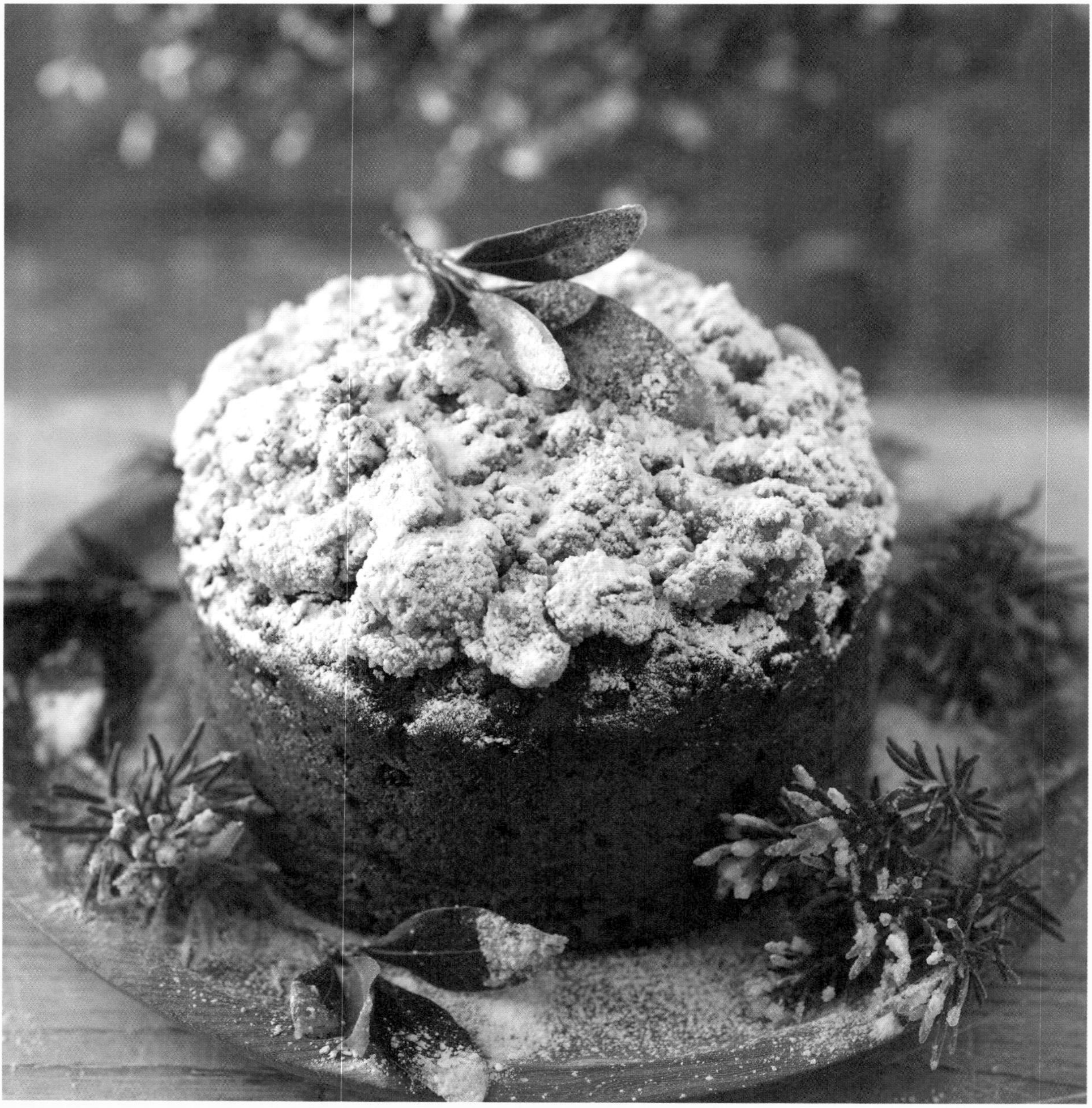

10인용
재료

과일 믹스와 껍질 250g
설타나(건청포도) 150g
구운 아몬드채 100g
럼주 250ml
꼬엥트로 100ml
부드러운 버터 225g
흑설탕 115g
캐스터슈거 115g
달걀 4개
체 친 셀프 라이징 밀가루 280g
애플파이 스파이스 1작은술
생강가루 1작은술
계핏가루 1작은술

크럼블 토핑
셀프 라이징 밀가루 115g
캐스터슈거 60g
버터 60g
슈거파우더 장식용

버터를 바르고 유산지를 깐 23cm 스프링폼 케이크팬
장식용 잎

준비하기
과일, 건포도, 아몬드를 볼에 넣고 럼과 꼬엥트로를 붓는다. 랩으로 씌운 후, 마른 과일이 불 때까지 최소 몇 시간 또는 밤새 담가 둔다.

오븐
180℃(350℉)로 예열한다.

만들기
1 버터, 흑설탕, 설탕을 큰 믹싱볼에 넣고 거품기로 저어 가벼운 크림을 만든다. 달걀을 넣고 젓는다. 밀가루, 스파이스, 생강, 계피, 담가 두었던 과일을 넣고 모든 재료가 골고루 섞이도록 스패출러로 젓는다. 반죽을 준비한 팬에 담아 1시간 동안 굽는다.
2 믹싱볼에 밀가루, 설탕, 계피를 넣고 섞은 후 버터를 넣고 손가락 끝으로 문질러 큰 덩어리들을 만든다.
3 조심스럽게 오븐을 열고 케이크 위에 뿌려 크럼블 토핑에 갈색 빛이 돌도록 15~30분 동안 더 굽는다. 잘 구워진 케이크는 손가락으로 눌렀을 때 쉽게 꺼지지 않고 서서히 제 모습으로 돌아온다. 또 케이크 가운데를 칼로 살짝 찔러보았을 때 반죽이 묻어 나오지 않는다. 오븐에서 꺼낸 상태로 살짝 식힌 뒤, 팬에서 케이크를 분리해 식힘망 위에 올려 완벽하게 식힌다.
4 다 식으면 케이크 스탠드에 케이크를 올리고, 마치 눈이 내린 것처럼 슈거파우더를 충분히 뿌린다. 크리스마스 잎을 케이크 스탠드 위에 둘러놓아 장식한다.

보관하기
이 케이크는 밀폐용기에 담아 5일간 보관 가능하다.

노아이싱 네이키드 케이크

초판 1쇄 인쇄일 2018년 12월 2일 • 초판 1쇄 발행일 2018년 12월 10일
지은이 한나 마일스
펴낸곳 도서출판 예문 • 펴낸이 이주현
등록번호 제307-2009-48호 • 등록일 1995년 3월 22일 • 전화 02-765-2306
팩스 02-765-9306 • 홈페이지 www.yemun.co.kr
주소 서울시 강북구 솔샘로67길 62(미아동, 코리아나빌딩) 904호

ISBN 978-89-5659-353-1 13590